河北省社会科学基金项目

区域生态
效率评价及收敛性研究

牛建广 等◉著

QUYU SHENGTAI XIAOLV PINGJIA
JI SHOULIANXING YANJIU

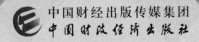

中国财经出版传媒集团
中国财政经济出版社

图书在版编目（CIP）数据

区域生态效率评价及收敛性研究／牛建广等著 . —北京：中国财政经济出版社，2019.3

ISBN 978 - 7 - 5095 - 8825 - 3

Ⅰ . ①区… Ⅱ . ①牛… Ⅲ . ①区域生态环境 – 环境生态评价 – 研究 – 中国 Ⅳ . ①X826

中国版本图书馆 CIP 数据核字（2019）第 026374 号

责任编辑：彭　波　　　　　责任印制：刘春年
封面设计：卜建辰　　　　　责任校对：杨瑞琦

中国财政经济出版社 出版

URL：http：//www.cfeph.cn

E – mail：cfeph @ cfeph.cn

（版权所有　翻印必究）

社址：北京市海淀区阜成路甲 28 号　邮政编码：100142

营销中心电话：010 – 88191537

北京财经印刷厂印装　各地新华书店经销

710×1000 毫米　16 开　10.75 印张　200 000 字

2019 年 3 月第 1 版　2019 年 3 月北京第 1 次印刷

定价：58.00 元

ISBN 978 – 7 – 5095 – 8825 – 3

（图书出现印装问题，本社负责调换）

本社质量投诉电话：010 – 88190744

打击盗版举报热线：010 – 88191661　QQ：2242791300

前　　言

改革开放以来，中国的经济发展取得了巨大的成就，以年均 9.68% 的速度保持了 30 多年的持续高速增长。中国经济快速发展的同时，带来资源的大量消耗和产生的环境问题也日益突出。资源耗竭、环境恶化已成为当今中国经济发展难以逾越的"瓶颈"。如何协调中国经济增长、资源节约和环境保护三者之间的关系，构建适合中国国情的经济可持续发展模式已经成为摆在中国政府面前亟待解决的重要问题。要促进经济—资源—环境的协调可持续发展，就要在发展的经济的过程中，用最低的资源消耗和最小程度的环境不良影响来维持经济的持续增长。生态效率作为经济与资源环境可持续发展的有效度量和管理手段，可以综合反映经济—资源—环境复合系统的协调发展的实际水平。

因此，科学评价区域生态效率水平，分析其区域差异，研究生态效率的影响因素及其收敛性，寻求区域生态效率提升的途径，对于我国积极改变经济发展方式，促进经济—资源—环境复合系统的协调可持续发展是十分必要的，也是有意义的。

首先，本书运用包含非期望产出的三阶段 DEA 模型对中国 2011~2015 年区域生态效率进行了评价，并分析外部环境变量对生态效率值的影响。对比第一阶段和第三阶段的生态效率，调整前后各省区市生态效率发生了明显的变化。剔除外部环境变量和随机因素的影响后，全国的平均技术效率由 0.345 上升到 0.483，平均纯技术效率由 0.525 上升至 0.623，而平均规模效率则由 0.724 上升至 0.790。说明外部环境因素和统计噪声确实对生态效率产生了重要的影响，利用三阶段 DEA 模型得到的效率值更能反映各省区市实际的生态效率水平。

其次，运用 Malmquist-Luenberger 指数对中国区域生态效率进行动态分析。ML 指数及其分解可以看出，中国平均全要素生态效率呈上升趋势，2011~2015 年 ML 指数均值为 1.027，说明中国全要素生态效率每年平均增长率是 2.7%，根据 ML 指数的分解因子技术效率与技术进步指数来看，技术进步每年平均增长率是 4%，技术效率每年平均增长率是 -1.6%，除 2011~2012 年外，其他年份的技术效率变化都小于 1，说明技术效率逐年降低。由此可以判断，全要素生态效率的增长主要是由技术进步贡献的。

再其次，将新古典经济增长理论中收敛假说的思想和方法应用到区域生态效率差异性分析中，利用面板数据模型对我国生态效率区域差异的收敛状况进行了实证研究。其一，分析了我国及东、中、西部和东北四大区域生态效率水平的 σ 收敛性；其二，利用面板数据分析模型，对我国生态效率区域差异进行了绝对 β 收敛检验。通过分析可知我国生态效率呈现 σ 收敛，区域差异逐渐减小；我国全国层面和东、中、西部地区的区域生态效率均存在绝对 β 收敛，而东北地区生态效率呈现出显著的绝对 β 发散态势。

　　最后，构建包含非期望产出的超效率 SBM 模型，评价京津冀区域 13 个地区生态效率水平。从时序变化的角度看，北京、天津、秦皇岛和廊坊等 4 个地区的生态效率呈现波动趋势，且波动较小；石家庄、邢台、张家口和衡水等 4 个地区的生态效率呈增长趋势；唐山、邯郸、保定、承德和沧州5 个地区的生态效率逐年下降。13 个地区的生态效率存在显著的空间差异，北京、天津和沿海地区生态效率较高，冀中南部和张家口生态效率偏低，在一定程度上表现出空间集聚。

　　本书得到河北省重点学科技术经济及管理资助。本书可作为相关领域研究人员及管理部门的参考用书。

作　者

2019 年 1 月

目　　录

第1章 绪 论

1.1 研究背景和目的

1.1.1 研究背景

改革开放以来，中国的经济发展取得了巨大的成就，以年均 9.68% 的速度保持了 30 多年的持续高速增长。中国的 GDP 从 1978 年的 3650.7 亿元增长到 2015 年的 22641.8 亿元（按 1978 年不变价计算）；在经济快速发展的同时，我国面临着沉重的资源环境压力，资源环境问题对居民健康、公共安全、社会稳定造成了负面影响，中国以占世界 GDP 11.6% 的经济总量，生产消耗了全球约 54% 的水泥、45% 的钢铁和 21.3% 的一次能源，排放了占世界 26% 的二氧化硫、21% 的二氧化碳和 28% 的氮氧化物。1990 ~ 2015 年，能源消费总量从 9.87 亿吨上升到 43 亿吨，增长 336%；废水排放量从 354 亿吨上升到 735 亿吨，增长 108%；工业废气排放量从 85000 亿立方米上升到 685190 亿立方米，增长 706%；工业固体废物产生量从 5.8 亿吨上升到 32.7 亿吨，增长 464%。中国经济在快速发展的同时，带来的资源的大量消耗和产生的环境问题也日益突出。资源耗竭、环境恶化已成为当今中国经济发展难以逾越的"瓶颈"，使人们不得不重视经济快速发展所引起的资源环境问题，使人们意识到中国经济发展的动力应由单纯追求资本和劳动效率转变到追求资源效率和环境效率上来，也就是要努力实现经济和资源环境协调可持续发展。伴随着中国经济工业化进程的不断深入，如何协调中国经济增长、资源节约和环境保护三者之间的关系，构建适合中国国情的经济可持续发展模式已经成为摆在中国政府面前亟待解决的重要问题。

中国政府越来越重视经济与资源环境协调可持续发展的问题，1992 年 6 月，联合国在里约热内卢召开的环境与发展大会，通过了以可持续发展为核心的《里约环境与发展宣言》《21 世纪议程》等文件。随后，中国政府编制了《中国 21 世纪人口、环境与发展白皮书》，首次把可持续发展战略纳入中国经济和社会发展的长远规划。1997 年的党的十五大把可持续发展战略确定为中国"现代化建设中必须实施"的战略。可持续发展主要包括社会可持续发展、生态可持续发展、经济可持续发展。接着相继制定了一系列法律法规，减少经济发展对资源环境造成的负面影响，如《环境保护法》《征收排污费暂行办法》《大气污染防治法》《清洁生产促进法》等。同时，我国还积极探索有效的资源环境保护实践，如国家划定了酸雨控制区和二氧化硫控制区等。积极推进生态示范区、重点生态功能区建设，鄱阳湖生态经济区、洞庭湖生态经济区、辽河口生态经济区、黄河三角洲高效生态经济区等生态经济区相继获批，为促进经济—资源—环境复合系统社会和谐、经济高效、生态良性循环，促进经济、社会、环境与资源的全面可持续发展进行了积极有益的实践。2007 年 10 月胡锦涛同志在党的十七大报告中倡导生态文明，强调要建设生态文明，基本形成节约能源资源和保护生态环境的产业结构、增长方式、消费模式。近年来各级政府更是大力推进环境友好型与资源节约型的"两型社会"建设。

　　然而，不管是进行生态经济区建设还是建设"两型"社会，其本质都是促进经济—资源—环境的协调可持续发展，其核心思想是减少资源的消耗量，提高资源的使用效率，降低环境污染，改善生态环境，提高生态效率水平。要促进经济—资源—环境的协调可持续发展，就要在发展经济的过程中，用最低的资源消耗和最小程度的环境不良影响来维持经济的持续增长。这实质上就是要求设计新型产品节约资源，改进生产工艺设备提高资源利用率，提高管理水平促进资源循环利用，加强污染物的治理和再利用，减少污染物的排放。显然，生态效率是经济—资源—环境复合系统协调可持续发展的内在要求，是衡量两型社会建设的重要标准之一。

生态效率作为经济与资源环境可持续发展的有效度量和管理手段,可以综合反映经济—资源—环境复合系统的协调发展的实际水平。生态效率已成为衡量区域生态环境质量与可持续发展水平的主要指标。如何科学分析区域生态效率,解释其与经济发展、环境质量的关系,成为亟待解决的理论与实践问题。

因此,要解决我国当前经济发展的资源环境问题,促进区域经济与资源环境协调可持续发展,就是要提升当地的生态效率水平。有效评价我国区域生态效率水平、探索各区域生态效率水平差异、深入分析影响我国区域生态效率水平的因素、寻求区域生态效率提升的途径,对于我国积极改变经济发展方式,促进经济—资源—环境复合系统的可持续发展是十分必要的,也是具有重要意义的。

1.1.2 研究目的

由于我国存在严重的区域经济发展不平衡和地区资源禀赋差异,中国各省区市的生态效率也存在显著差异。要制定出科学合理且有针对性的可持续发展政策,就必须很好地把握中国各省区市的经济—资源—环境复合系统的协调程度。本书分别从全国区域、京津冀区域分别对区域内地区的生态效率水平展开分析研究,客观评价地区的生态效率水平,从而能够准确测度地区的可持续发展程度。

1.2　研究方法和内容

1.2.1　研究方法

对区域生态效率的区域差异性和收敛性研究时,本书使用的主要研究方法有以下几种。

（1）包含非期望产出的三阶段 DEA 方法。

首先，利用 Excel 2010 对数据进行分类整理，借助数据包络分析方法的基本理论；其次，利用 MAXDEA，采用包含非期望产出的 DEA 模型计算各省区市的生态效率；再其次，利用相似 SFA 回归方法剔除外部环境变量和统计噪声对生态效率的影响；最后，得到真实的中国区域生态效率值。

（2）Malmquist – Luenberger 指数分析法。

利用 MAXDEA 软件采用动态 Malmquist – Luenberger 指数分析法测算中国 31 个省区市在 2011~2015 年全要素生产率指数，并分解成技术效率与技术进步两个要素。

（3）σ、绝对 β 收敛分析方法。

将新古典经济增长理论中收敛假说的思想和方法应用到区域生态效率差异性分析中，通过建立面板数据分析模型，对我国及东、中、西部和东北四大区域生态效率水平进行 σ 和绝对 β 收敛分析。

（4）在包含非期望产出 SBM 模型的基础上引入超效率 DEA 模型，构建超效率的 SBM 模型，并对京津冀区域的生态效率进行评价。

本书在定性分析的基础上构建了生态效率理论分析框架，然后根据该理论分析框架利用统计数据对中国各地区的生态效率进行了描述统计分析和模型计量分析。

1.2.2 研究内容

本书在生态效率相关研究的基础上，构建生态效率指标评价体系，根据该体系采用包含非期望产出的三阶段 DEA 模型测算中国 31 个省区市的生态效率，并对各省区市生态效率的差异性进行深入分析，在此基础上运用基于 σ 和绝对 β 收敛模型研究中国各地区生态效率的收敛性。内容安排如下：

第 1 章：绪论。本章主要介绍本书的研究背景，指出研究中国生态效率区域差异性及收敛性的意义；明确本书的研究内容和研究方法；指出本书的主要创新之处。

第 2 章：生态效率理论及评价方法，对国内外关于生态效率的定义和生态效率的评价方法进行评析。

第 3 章：研究模型。介绍 DEA 模型的相关概念和基本模型，指出传统三阶段 DEA 模型在实际应用中存在的缺陷，建立包含非期望产出的三阶段 SBM 模型。

第 4 章：中国区域生态效率实证分析。本章对中国 31 个省区市 2011~2015 年的生态效率进行评价，以从业人员数、全社会固定资产投资、水资源和能源消费量作为投入变量，以实际 GDP 作为期望产出，化学需氧量和二氧化硫排放量作为非期望产出，环境治理投资、产业结构和全社会固定资产投资作为环境变量，运用包含非期望产出的三阶段 DEA 模型对中国各地区生态效率及其差异进行实证研究。然后用 Malmquist – Luenberger 指数分析 2011~2015 年中国 31 个省区市及四大区域在 5 年间全要素生态效率的动态变化情况，将全要素生态效率指数分解成为技术效率变化情况与技术进步情况进一步分析。

第 5 章：中国生态效率的区域收敛性分析。本章从微观、中观、宏观三个层面阐述碳生态效率收敛的理论假说，将新古典经济增长理论中收敛假说的思想和方法应用到区域生态效率差异性分析中，通过建立面板数据分析模型，实证分析我国区域生态效率差异的收敛性。首先运用标准差指标对我国及东、中、西部和东北四大区域生态效率水平进行了 σ 收敛分析；其次，利用面板数据分析模型，对我国生态效率区域差异进行绝对 β 收敛检验。

第 6 章：以从业人员数（万人）、全社会固定资产投资（亿元）、用水总量（亿立方米）和规模以上工业企业能源消耗（万吨标准煤）作为投入指标；选取 Y_1^u 工业废水排放量（万吨）和 Y_2^u 工业二氧化硫排放量（吨）作为非期望产出指标；选取 Y^g 地区 GDP（亿元）为期望产出指标。构建包含非期望产出的超效率 SBM 模型，评价京津冀区域 13 个地区生态效率水平。

第 7 章：从生态安全视角研究河北省产业结构优化问题。选用 CCR 和 BCC 模型，对河北省 2001 ~ 2014 年基于生态安全的产业结构效率进行比较和评价。通过对河北省产业结构效率的评价，分析基于生态安全的河北省产业结构的有效性，为当前及未来一段时期河北省的产业结构调整提供参考。

第 8 章：结论和展望。根据本书实证研究的结果，得出本书的结论。并指出本书的不足之处以及需进一步研究的问题。

1.3　研究创新之处

（1）运用包含非期望产出的三阶段 DEA 模型计算中国 31 个省区市的静态的生态效率，并分析生态效率的影响因素；采用 Malmquist - Luenberger 指数分析法测算中国 31 个省区市在 2011 ~ 2015 年的全要素生态效率，并分解成技术效率与技术进步两个要素。

（2）将新古典经济增长理论中收敛假说的思想和方法应用到区域生态效率差异性分析中，利用面板数据模型，借助 Stata 软件，对我国区域生态效率差异的收敛性进行了实证研究，拓宽了区域生态效率的研究视角，丰富了区域生态效率的研究内容。

第2章　生态效率理论
及评价方法

近年来，生态效率作为经济与资源环境协调可持续发展的有效度量和管理手段，已经成为经济学界研究的热门课题。各国学者围绕生态效率进行了诸多研究，得到了许多影响的研究成果。为使研究能更好地吸收借鉴现有的研究成果，本书以生态效率的相关理论分析为依据，对生态效率评价的理论框架进行分析与探讨，为生态效率的评价打下基础。

2.1 生态效率的理论渊源

2.1.1 生态经济理论

生态经济学是探索社会再生产过程中经济系统物质循环、能量的交换、价值的流动与增加和生态系统之间相互关系的一门应用经济学科。它是在生态学、经济学、系统论、控制论等理论基础上，以经济系统的物质、能量的价值流动为导向，以生态学原理的物质、能量的流动及其平衡准则，结合系统论、控制论等理论为基础，通过经济主体的结构、组织形态、相互比例、科学技术等手段，研究经济活动生态化的学科。一方面具备经济系统和生态系统的系统性；另一方面也要具备两大系统的协调性，更要具备经济系统的社会发展战略性和生态系统的可持续性，同时考虑到代际公平和代内公平，必须具备公正性和层次性以及两大系统的发展与社会发展所要求的动态性。这就要求人类的经济行为不但要遵循经济发展的规定性，同时行为也要符合自然规律的规定性，这就决定了人类经济行为不但具备社会属性，同时也要具备自然属性。

从 20 世纪 60 年代末至今，生态经济理论实现了三次大的发展。20 世纪 60~70 年代，这一个时期可以说是生态经济理论的产生时期。这一时期研究的主要问题是生态和经济两大系统相互作用关系，主要包括作用对象和主体，作用机制以及作用的阈值的研究，但仍然没有把两者作为一个整体来研究，只是作为一对矛盾体来研究，考虑的核心问题是人类如何摆脱环境的约束等问题。第二个时期发生在20 世纪 80 ~ 90 年代，这个阶段理论研究成果较多，人类对环境和经济两大系统的关系有了进一步的认识。研究的成果凸显在如何协同两大系统的发展，具体表现为协调机制的研究，环境承载力的评估、资源承载力的评估、经济发展的负效应评价等。第三个时期发生在 20 世纪 90 年代至今，生态经济理论日趋完善。在这一时期人们对两大系统的运行规律、相互作用方式等理论与实践的探索已初具成效，主要考虑的是如何利用两大系统的运行规律为不同社会经济形态服务，考虑和研究的是经济发展战略与生态环境的耦合模式，以及一定经济发展模式与生态环境保护、修复模式的选择和各种相关法规制度的制定等内容。

　　经济的可持续性、环境的可持续性以及两者的协调、平衡、良性发展的最终目标是：生态经济作为一种经济形态存在的形式，它是人类克服经济发展所带来的环境负效应，实现经济生态化、生态经济化，以及两化合一的理想经济发展模式。同时，它也不同于以往的经济模式、经济形态的本质特征，它与以往经济模式、经济形态的根本区别在于它并不是以经济发展作为唯一目标，也不是单纯地追求当前人类社会的福利，同时也追求维持稳定经济增长的代际公平，不但要求经济系统的协调稳定增长，同时也追求生态系统的稳定性、统一性和协调性，这必然要求放弃传统的经济发展方式，转变为可持续发展的生态经济。生态经济的概念有广义和狭义之别。如果从整个地球村生态系统的经济行为来看，就是广义的界定，不但要考虑经济的和生态系统的问题，也要考虑两者与整个社会系统的协调发展问题。这就要求我们必须以生态环境的平衡为底线，首先维持人类的生存发展环境，其次考虑社会经济的增长等问题，遵循自然、经济和社会的发展规律以实现环境效益、社会效益以及经济效益的高效协调合一。

在生态经济理论中，我们一般认为整体优化的经济发展比较重要，一是经济综合发展，其中有经济量的增长、劳动生产率的提高、经济效益的提高、产业结构优化、新产业和新产品的涌现等；二是不同经济层次共同发展，它的领域包括发达国家和地区和发展中国家和地区的共同发展，不同社会制度的国家和地区共同发展，不同产业门类和部门共同发展；三是经济系统协调发展，它强调在保证经济形态多样性、社会多样性、资源多样性、文化多样性、生态系统多样性的同时，将世界经济结构引向结构有序、演化有序、比例合理、增长适度的方向，形成生态经济系统的整体优势和良性循环，促进经济总体水平的不断提高。

以可持续发展为中心的生态经济理论的核心问题是以可持续发展促进生态与经济的协调发展，从而实现生态与经济的平衡，进一步达到生态效益、经济效益、社会效益的统一。除了维护现有的生态平衡系统，以及依据客观的自然规律和经济规律建立新的生态、经济平衡系统之外，生态经济理论的最重要任务是：通过科学的手段，对现实作出实事求是的科学评价，探求科学的决策。

2.1.2 循环经济理论

"循环经济"的思想萌芽最早可以追溯到环境保护思潮兴起的时代。20世纪60年代美国经济学家肯尼思·布尔丁提出了"地球宇宙飞船理论"可以作为循环经济理论的早期代表，从而促进了20世纪70年代关于资源与环境的国际研究。鲍尔丁认为人类必须要在一个循环的生态系统中找到应有的位置，建立既不会使资源枯竭，又不会造成环境污染、生态破坏的、能循环使用各种资源的"循环式经济"，代替以往的所谓"单程式经济"。从这里可以看出，循环经济把生态、资源、环境和经济四种要素联系起来，形成了可持续发展研究的主题，其本质上是一种生态经济的。在中国，循环经济被理解为对社会生产和消费活动中物质能量流动方式的管理经济。

在我国，循环经济的概念大多引用曲格平（2002）在《发展循环经济是 21 世纪的大趋势》一文中的定义。所谓循环经济，本质上是一种生态经济，它要求运用生态学规律而不是用机械论规律来指导人类社会的经济活动。循环经济主要有三大原则，即"减量化、再利用、资源化"原则，每一原则对循环经济的成功实施都是必不可少的。减量化原则针对的是输入端，旨在减少进入生产和消费过程中物质和能源流量再利用原则属于过程性方法，目的是延长产品和服务的时间强度资源化原则是输出端方法，能把废弃物再次变成资源以减少最终处理量，也就是我们通常所说的废品的回收利用和废物的综合利用。资源化能够减少垃圾的产生，制成使用能源较少的新产品。张思锋、张颖等对 2002 年以前的研究进行了很好地归纳。学术界关于循环经济的含义已经有了比较一致的解释。循环经济是针对工业化以来高消耗、高排放的线性经济而言的，是可持续发展战略的经济体现，即以环境友好方式利用资源、保护环境和发展经济，逐步实现以最小的代价、更高的效率和效益来实现污染排放减量化、资源化和无害化。

2.2　生态效率

2.2.1　生态效率及相关概念

生态效率是 Eco – efficiency 的译文，是"生态"和"效率"的组合，意味着要综合考虑经济和环境两个方面的内容。加拿大科学委员会和世界自然资源保护联盟组织（IUCN）在 19 世纪 70 年代和 80 年代分别提出了生态效率这一概念，引起了各国政府和专家的广泛关注，并将其纳入世界保护战略之中。1990 年 Schaltegger 和 Sturm 首次提出了生态效率的概念，即增加的价值与增加的环境影响的比值。他们将生态效率定义为经济增长与环境影响的比值。生态效率的译文来自英文单词 Eco – efficiency，在这个英文单词中的 Eco 是经济一词 Economy 的词根，同时也是 Ecology 这个单词的词根，而 efficiency 这个单词又有"效率、效益"的意思，两者综合起来考虑就是生态效率同时有生态和经济两个方面的效率、效益。不同的组织和专家学者对生态效率的定义有各种不同的表达方式，但其核心思想是一致的，即：生态效率就是经济和资源环境的结合。

生态效率追求的是在资源低消耗和环境低污染状态下的经济发展。生态效率概念被广泛地认识和接受是通过世界可持续发展工商业联合会（WBCSD）在 1992 年出版的著作——《改变航向：一个关于发展与环境的全球商业观点》。世界可持续发展工商业联合会（WBCSD）定义生态效率为："生态效率要通过提供能满足人类需要和提高生活质量的竞争性定价商品与服务，同时使整个生命周期中环境的影响降到至少与地球的估计承载力一致的水平上，简单说来，就是影响最小化，价值最大化"。WBCSD 还在报告中提到了实施生态效率的七个原则：

（1）降低产品与服务的原材料消耗；

（2）降低产品与服务的能源消费强度；

（3）提高原材料的回收利用率；

（4）最小化有毒有害物的扩散；

（5）最大化利用可再生资源；

（6）增加商品的服务力度；

（7）提高产品的可耐用度。

1998 年，OECD（世界经济合作与发展组织）给出了生态效率的广义定义："生态效率是投入与产出的比值，简单说来是以更少的资源投入实现更大的价值产出。"其中，"投入"指经济体提供的产品和服务的价值，"产出"指经济体最终对环境造成的影响。给出表达式如下：

$$生态效率 = \frac{产品或服务的价值}{环境影响} = \frac{价值的增加}{环境影响的增加} \qquad (2-1)$$

其中，产品和服务的价值没有统一的计量方法，可以采用适当的经济指标表示产品或服务的价值。环境影响指的是资源、能源的消耗和废弃物的排放。这一定义说明生态效率是一种投入产出的比值，由此可以看出，生态效率是对投入产出关系的度量。

欧洲环境署（The European Environment Agency，EEA）在环境报告中用生态效率指数把宏观区域的可持续发展状况进行量化，把经济、环境与社会等因素综合考虑，报告认为生态效率来源于资源使用和污染排放与经济发展的脱钩关系，把生态效率简单定义为以更少的自然资源达到更大的效益。

其他国际组织机构也给出了生态效率的定义。国际金融公司（International Finance Corporation）指出生态效率就是通过更有效的生产方法提高资源的可持续利用；德国 BASF 集团指出生态效率就是利用尽可能少的自然资源来生产产品，在这过程中，释放的污染物越少，资源的消耗也越少；加拿大工业部（Industry Canada）认为生态效率就是用最少的材料创造更多的效益，亦即使成本最小化和效益最大化；大西洋发展机会部（ACOC – Atlantic Canada Opportunities A-gency）给出的生态效率的定义为：在产品生产的过程中，降低污染物的排放，降低资源的使用，制造高品质、高质量的服务和产品。

以上是一些机构和组织对生态效率的定义，其中世界可持续发展工商理事会和世界经济合作与发展组织两个组织给出的概念影响较大。国外的专家学者也从不同角度给出了生态效率的定义，其中具有代表性的有：

Meier（1997）认为生态效率的效率也就是系统的收益和系统造成的缺点间的互相作用关系的概括。收益就是经济上获得的收入和减少环境影响所必须付出的非经济收益，缺点就是减少环境的影响所付出的经济成本。

Schaltegger 和 Burritt（2000）认为，一个活动、产品在一定量产出的情况下，投入的资源越少，或在投入一定的情况下产出越高，效率就越高。

Muller 和 Sterm（2001）提出生态效率等于环境绩效与经济绩效两者之间的比值。经济绩效是指经济净增加值或增加值。

Hellweg 等（2005）依据系统的资源投入与产生的环境影响之间的差异，将生态效率定义为相关费用（资源投入）和环境影响因子两者的比率，但这种方法仅仅适用于原材料选择等这样的单一问题。

Scholz 和 Wiek（2005）提出生态效率是企业环境管理的一个重要概念，他们是用经济绩效的提高与环境绩效的提高之比来表示生态效率。

中国的生态效率研究起步比较晚。Claude Fussler（1995）首先将生态效率的概念引入中国，经过十多年的发展，中国的生态效率研究已经取得了一定的成就。

李丽平等（2000）把 OECD 提出的生态效率理念引入中国全新的环境管理方式中，并介绍了生态效率的概念及提高生态效率的战略目标与措施。

此后，国内开展了一系列不同层次的生态效率研究，初步形成了一些适合中国国情的理论和方法。中国学者结合国外，特别是 WBCSD 提出的生态效率的定义，对生态效率的概念进行了进一步的研究，这些研究大多是在生态效率评价指标选取方面的探讨。

周国梅（2003）认为生态效率可以用投入和产出的比值来衡量，简单地将生态效率定义为单位生产消费对环境产生的影响。部分学者在生态效率定义的基础上也对生态效率的具体指标进行了概括。汤慧兰（2003）认为生态效率就是在满足人类的生活需要和提升生活品质的服务和产品的同时，能够生产有竞争优势而又不降低产品和服务的品质和资源强度。戴铁军（2005）将生态效率表述为单位产出的原材料消耗和污染物排放量。诸大建（2005）认为生态效率就是环境与经济的协调发展关系，他把生态效率定义为经济发展的所创造的价值量与环境资源的消耗量的比值。刘丙泉等（2011）认为生态效率是区域经济发展过程中有效利用资源、减轻环境的压力所产生的效率，是区域经济可持续协调发展的重要指标。

诸大建、邱寿丰（2008）借鉴德国环境经济账户中的生态效率指标，构建了中国循环经济发展的生态效率指标，分析中国 1990 ~ 2005 年生态效率的发展趋势。

通过国内外关于生态效率内涵的研究，本书认为生态效率就是经济效率与环境效率的综合体，生态效率就是在投入产出过程中，希望尽可能多的产出期望产品，同时尽可能地减少非期望产出。由此我们发现生态效率具有如下特征：降低资源的消耗强度；较少污染物的排放；提高资源的综合利用能力；提高生产系统的产出能力；增强生产系统的可持续发展能力。

国内外研究现状进行综述的目的是为后续的研究奠定基础理论和方法借鉴。通过对近年来生态效率相关研究成果的梳理，国内外有关生态效率的研究有如下几个方面特征。

（1）国内外关于生态效率的研究大多集中在生态效率的概念探讨、评价指标的建立、评价模型的设定和生态效率的应用等领域。在生态效率的定义方面，国内外学者达成了基本一致的看法，即生态效率是系统的经济产出与资源环境投入的比值。

（2）在应用层面，国外对生态效率的研究重点放在产品的生态设计、系统开发和引导企业可持续发展等方面。而我国对企业和产品方面的生态效率的研究还比较少，大多数的研究放在区域层面及工业产业领域。原因在于，我国企业对生态效率的重视还不够，我国企业和产品的生态方面的数据还不够健全，缺乏系统全面的数据支持和资金人力支持。

（3）在普及层面，国外对生态效率的普及宣传很重视，政府、企业、消费者都将生态效率作为自己行为的一部分来身体力行。而我国对生态效率的研究目前还仅仅局限在研究领域，企业的管理者对生态效率的认识还不够深，消费者对生态效率的认识还仅仅处在环境保护的层面上。

（4）我国生态效率的研究相对国外来说较晚，现有研究大多是定性分析，定量分析较少。从研究对象来看，大多是对某一行业的生态效率的评价，对区域层面的研究较少；从研究内容来看，现有研究大多集中在两个方面：一是结合本国特点，在借鉴国外研究成果的基础上，进行生态效率评价指标体系建立研究；二是建立适当的模型对不同层面的研究对象进行生态效率评价。从研究角度来看，大多是对区域生态效率的评价，在分析影响区域生态效率的因素等方面缺乏统筹系统的分析，对区域生态效率的提升机制研究的还不够透彻。

现有文献一般将"Eco - Efficiency"翻译为"生态效率"，也有部分文献将其翻译为"生态经济效率"。在此特别说明，"生态效率"不仅仅是与人类生活、自然界生活中所构成的生态系统的效率，其核心在于生态资源满足人类需要的效率。实际上，生态效率中蕴含的生态资源价值和经济效率价值两者同等重要，在经济运营过程中加强资源的利用率和生态环境的良好保护，从而提高生态效率。为了与前人研究保持一致，以及研究方便，本书统一用"生态效率"来表示这一术语。

综上所述，本书将生态效率定义为：一个生态经济系统以一定的资源投入和生态环境代价，获得经济效益、社会效益和环境效益的综合能力。

自从德国两位学者 Schaltegger 和 Sturn 于 1990 年首次提出生态效率的概念以来，各国学者围绕生态效率的概念理论、评价方法和生态效率的应用展开了大量的卓有成效的研究，取得了很多的成果。生态效率从产品、企业等微观层面的应用逐步拓展到行业、区域等宏观层

面，为区域可持续发展和循环经济发展提供了一种测度方法，是区域
可持续发展的重要工具。因此评价区域生态效率水平对于我国目前提
倡的"两型社会"建设有着极其重要的意义。

2.2.2　生态效率与能源效率

经历 20 世纪 70 年代的石油危机后，能源效率逐渐成为学术界的
研究热点。但具体什么是能源效率，理论界和实践界众说纷纭，至今
没有一个统一的标准定义。1995 年，世界能源委员会将能源效率定
义为减少提供同等能源服务的能源投入。Bosseboeuf 等（1997）将能
源效率划分为经济上和技术经济上的能源效率两种，经济上的能源效
率是指用相同的或者更少的能源投入得到更好的生活品质或者更多产
出。技术经济上的能源效率强调在技术进步、改善管理和改变生活方
式等的条件下减少的特定能源使用量。现有的研究一般从单要素能源
效率和全要素能源效率两个方面来定义能源效率。

单要素能源效率是反映经济活动中能源消费与有效产出关系的偏
要素生产率指标。在文献中较为常用的单要素能源效率指标，包括能
源生产率和能源消耗强度，这两者互为倒数。能源消耗强度用单位
GDP 的能源消费量来表示。采用单因素能源效率指标（能源消耗强
度），虽然计算较为简便，却夸大了能源效率，且忽略了各投入要素
间的相互替代作用（史丹，2006）。实际上，能源本身并不会带来任
何产出，必须结合其他重要相关要素，如资本、劳动力等，且全要素
能源效率能更好地反映客观实际，能源效率的提高也依赖于全要素生
产效率的改善。因此，近年来诸多文献采用的能源效率指标是全要素
能源效率。

随着循环经济、低碳经济的发展模式不断渗入，部分学者开始引
入环境和资源因素到全要素能源效率的研究之中。吴琦和武春友
（2009）、王克亮和杨宝臣等（2010）、王兵和张技辉等（2011）运用

数据包络分析方法（DEA）将环境污染作为坏产出引入全要素能源效率的实证研究中。徐盈之和管建伟（2011）采用超效率 DEA 将环境污染作为投入因素引入。

但对以往概念和定义进行归纳和总结可以得出能源效率的一般定义，即在给定资源投入的前提下，实现最大经济产出和最小环境影响的能力；或者是在给定经济产出的条件下，实现资源投入以及环境影响最小化的能力。可见能源效率的提高是实现可持续发展的一个重要途径，也是解决我国能源与环境问题的根本途径，能源效率的本质和核心就在于实现低投入高产出的经济增长，即保证社会产出不变的同时，减少能源消耗，或能源投入一定的情况下，创造更大的社会产出。

因此，生态效率和能源效率存在一些相似的地方：首先，生态效率和能源效率概念的产生有着共同的背景，即都为解决社会经济发展所带来的资源枯竭和环境污染问题而产生的；其次，生态效率和能源效率的本质都是可持续发展理论在实践层面的延伸，并都具有一定的可操作性，从一定意义上来说，生态效率和能源效率都是可持续发展水平的现实测度；再次，生态效率和能源效率的内涵都是对技术效率的衡量，即一定投入条件下所能实现的最大产出，或者一定产出水平下需要的最小投入；最后，生态效率和能源效率的应用领域大致相同。目前的研究中，能源效率和生态效率都已被应用于微观、中观及宏观等层面。

此外，生态效率和能源效率也存在两点不同：第一，从投入角度来看，能源效率侧重能源的投入，即消耗的自然资源实物量，而能源效率的投入不仅包括能源，还包括劳动力、水资源、土地等社会经济资源。因此，投入角度的生态效率尺度要大于能源效率。第二，从产出角度来看，生态效率和能源效率对正面产出产品和服务的界定是一致的，区别在于能源效率的负面产出是环境污染，而生态效率的负面产出是从生态承载力角度考虑的生态影响。从生态承载力角度考虑的生态影响包括两层意思：一是生态影响是个较为广泛的概念，不仅包括环境污染、资源耗竭以及生态破坏等直接的影响，还隐含着生态失衡这一间接的影响；二是对生态影响的衡量有一个界限，即生态承载力，如果超过生态承载力，这种影响就是不可逆的。因此，产出角度的生态效率内涵要大于能源效率。

2.3　生态效率评价方法

生态效率的评价方法研究很多，根据不同的评价对象、不同的评价层面、不同的评价视角，使用的方法也不同。评价方法的选择主要和生态效率的评价对象和目的有关。一些组织和部门根据生态效率的内涵来对生态效率的定量分析方法进行规范，还有一些有实力的大型企业根据自身生产经营的具体环节制定出了一套独特的生态效率评价方法。对生态效率评价方法的研究是当今生态效率研究热潮，如何设计适当的方法使得生态效率的评价更科学、合理、易接受是生态效率评价要解决的问题。国内外关于生态效率的评价的研究具体总结如下。

（1）比值评价法。

许多学者用经济产出价值和环境影响的比值来作为生态效率的评价方法。生态效率的定义虽然各种各样，但都涉及环境影响和经济产出两个方面。世界可持续发展工商理事会 WBCSD 提出生态效率为产品或服务的价值与环境影响的比值。Schaltegger 和 Burritt（2000）提出生态效率可以描述为产出与环境影响增加量的比值。许多学者认为生态效率的概念十分宽泛，生态效率的计算公式也不应仅仅局限于一种形式，因此也有学者提出了生态效率完全相反的计算公式。例如，Muller 和 Sterm（2001）把生态效率的计算公式颠倒，用环境影响与产出价值的比值来作为生态效率的计算公式。2003 年联合国贸易和发展会议（UNCTAD）也把生态效率比率的计算颠倒过来。公式中产出指标为产品或服务价值、产品销售额等，并用能源消耗、水耗、温室气体排放、臭氧层物质损耗排放及污染物排放等指标来计算环境影响。

从数学的角度来看，不管是产出比投入，还是投入比产出，两种方法都是等效的。综合上述分析可以看出，经济—环境比值评价法是从生态效率的概念演变来的，这些方法都用经济价值和环境影响的比值一个数字来表达，其中，环境影响用要素综合评价来表示，经济价值是由产品或服务价值来确定的。

比值评价法以产品服务的价值与环境影响的比值来表示，成本收益分析（CBA）和生命周期评价法（LCC）等属于此类，目前对环境影响的研究方法主要建立在对生命周期的评价基础之上，而生命周期评价主要是一个进行辨识和转化的过程，其主要对象是产品、生产工艺以及活动过程中对生态环境造成的压力。生命周期评价是一种具有巨大潜力的环境影响评价理论工具。它先辨识量化物质与能量之间的利用然后评估排放废弃物带来的影响，然后评价如何减少对环境的影响，最后进行目标范围的确定、清单分析、评价影响，对其进行改善，这四个部分组成了生命周期评价。根据比值法的特征，LCC可以实现将不同的环境影响评价的分析结果集中在一起形成单一的数据这个目标。

比值评价法的缺点在于该方法不能有效地区分不同环境对生态效率的影响，因此比值评价法适合于单个对象，特别是对单个项目和技术的探讨。但由于比值评价法不能给出最优的比率集合，因此难以指导决策实践。

（2）指标评价法。

指标评价法是目前使用较多的生态效率评价法，生态效率指标评价主要的指标是效率指标。生态效率的内涵是追求产出投入的效率，许多指标评价学者将生态效率看作系统各要素投入效率的综合效应，用各要素投入效率指标的综合评价来衡量生态效率水平。其中影响最大的是德国环境经济核算中采用的生态效率指标，它选取土地、能源、水、原材料、温室气体、酸性气体等各种不同的自然要素输入效率作为宏观层次的生态效率指标。

王波（2006）从资源效率、环境效率两个方面选取劳动效率、能源效率、水资源效率、废水效率、工业废气效率、二氧化硫效率、烟尘效率和固废效率等效率指标对我国 2007 年省级生态效率进行了评价。Dahlstrom（2005）评价英国钢铁和铝制品行业的生态效率时就指出，传统经济和污染物输出的比值，以及投入与产出的比值，都可作为生态效率衡量指标，只是侧重点不同。该文从三个方面（即资源生产力、资源效率和资源强度）衡量了钢铁和铝制品行业 30 年来变化的情况。戴铁军和陆钟武（2005）在对钢铁等高能耗企业生态效率进行分析时，运用企业生态效率的三个指标：资源效率、能源效率和环境效率。邱寿丰（2008）从资源消耗、环境影响两个方面构建生态效率评价指标体系，资源效率指劳动效率、能源效率、水资源效率；环境效率指废水排放效率、废气排放效率、固废排放效率等。

指标评价法较比值评价法在对较为复杂的研究对象进行分析时具有更大的优势，它能够综合反映社会、经济、自然各子系统的发展水平和协调程度。指标评价法的核心是构建生态效率指标集，利于综合表征区域自然、经济、社会复合系统的发展水平和协调程度，由于在衡量环境与经济效益时需要用权重表达，指标评价法难以剔除主观赋权对评价结果的影响；故该方法也存在一定的缺陷。

（3）模型法。

在模型法中，最为常用的是数据包络分析（DEA）模型，该方法是一种以相对效率概念为基础，用于对具有相同类型的多投入、多产出的决策单元是否技术有效进行评价的非参数统计方法。因具有无须统一指标单位、无须考虑投入与产出之间的函数关系、无须预先估计参数、无须假设权重等优点，最大限度地保证了原始信息的完整，在效率研究中得到广泛运用。

对生态效率进行研究的文献中，以 DEA 方法进行分析的较多。采用 DEA 方法计算生态效率时，通常是针对一组决策单元，将其资源消耗、环境影响作为输入指标，将产品或服务的价值作为输出指标，本着输入最小化和输出最大化的原则，使用数学规划模型来求取所评价决策单元相对生态效率。DEA 在生态效率评价应用中的重点是如何处理污染排放物，即非期望产出的处理，对于污染排放物这类非期望产出作为投入还是产出在生态效率评价中一直是有争议的问题，主要有曲线测度评价法、污染物作投入处理法、数据转换函数处理法及距离函数法等处理方法。

Sarkis（2001）建立了六种 DEA 模型分别分析测算了 48 家电厂的生态效率水平，结果发现不同的 DEA 模型的分析结果也不同。

Kuosmanen（2005）建立 DEA 模型，用环境压力作为系统产出指标，对芬兰的公路运输业的生态效率进行了分析。

我国学者也曾尝试用 DEA 方法对我国行业、企业、工业园区及区域生态效率进行过评价。杨斌（2009）运用 DEA 方法，从宏观角度对中国 2002～2006 年区域生态效率进行测度和评价。

周洋等（2016）采用超效率 DEA 模型方法测度了山东省 2010～2014 年 17 个地市的生态效率。

Hua（2007）建立非径向 DEA 模型分析了淮河流域造纸厂的生态效率。

杨文举（2009）采用数据包络分析的生态效率分析方法根据经济产出数据得出各种环境压力指标的内生权重，从而得到各个单元可获得的最大相对生态效率。

王恩旭（2011）采用超效率 DEA 模型架构了生态效率投入产出指标体系，对我国 30 个地区的生态效率进行了评价分析。

王珂（2011）在 DEA 的基础上引入生态效率评价的网络 DEA 模型，利用网络 DEA 模型对农药产品生态效率进行了分析评价。

因为在评价生态效率时，有废水、废气等非期望产出。一些学者利用包含非期望产出的 DEA 模型对生态效率进行分析，取得了一些进展。李静（2009）用 SBM 模型处理非期望产出测算了 1990～2006年我国各省区市的环境效率，并将其与 CCR 模型得到的不含污染变量情况下的效率情况加以对比，分析了我国区域的环境效率状况、差异以及演进规律。

党廷慧、白永平（2014）在 DEA 窗口分析中引入基于非期望产出的非径向、非角度 SBM 模型对 2006～2011 年我国 30 个区域的生态效率进行动态的测度和分析。

王兵等（2010）运用 SBM 方向性距离函数和卢恩伯格生产率指标测度了考虑资源环境因素下中国 30 个区域 1998～2007 年的环境效率、环境全要素生产率及其成分，并对影响环境效率和环境全要素生产率增长的因素进行了实证研究。

DEA 的优点有：①灵敏度和可靠性较高；②指标需求少；③可分析无法价格化及难以去除权重的指标；④测量指标单位不需要统一，简化了过程，避免了人为确定权重的主观影响；⑤在对有共同特点的评价单元采取综合评价时不需要对变量做函数假设。

不足之处有：①以相当效率为基础，被评价的单元不能直接反映客观发展水平；②容易受到极值的影响；③衡量的生产函数边界是确定的，随机因素和策略误差的影响难以分离出来。

因为单纯运用 DEA 模型评价生态效率时没有考虑外部环境对效率值的影响，所以有的学者在运用 DEA 模型评价效率后，把效率值作为被解释变量，把影响效率值的因素作为解释变量，运用 Tobit 回归模型分析影响效率值的因素，称其为二阶段 DEA 模型。汪东等（2011）利用数据包络分析模型对中国各省区市的工业生态效率进行总体的分析和评价，并利用截断正态回归模型（Tobit 回归模型）分析工业生态效率的影响因素。吴鸣然、马骏（2016）利用 DEA 方法并计算了 2009～2013 年中国 31 个省区市的生态效率，然后使用 Tobit

模型分析了影响生态效率的因素。

然而，二阶段 DEA 模型对生态效率的研究未能剔除统计噪声的影响，造成计算结果的偏差，不能客观地体现生产单元的决策与管理水平。Fried（2002）指出传统 DEA 模型没有考虑环境因素和随机噪声对决策单元效率评价的影响，提出了三阶段 DEA 模型更准确地计算决策单元效率的评价方法。三阶段 DEA 模型最大的特点是能够将非经营的因素（外部环境与统计噪声）对效率的影响去除，使得所计算出来的效率值能更真实地反映决策单元的内部管理水平。邓波等（2011）运用三阶段 DEA 分析了中国的区域生态效率，结果表明，在剥离外部环境因素和随机因素对效率值的影响后，区域生态效率发生了较大的变化。杨俊等（2012）运用三阶段 DEA 对 2004～2008 年中国东、中、西部三个区域的环境治理投入效率进行研究，分析了制约区域生态效率的关键因素。

由于传统的三阶段 DEA 模型无法处理非期望产出，在计算生态效率时，很多学者将非期望产出看作环境投入变量进行分析。但是把非期望产出作为投入变量进行分析不符合实际的生产过程。一些学者尝试用包含非期望产出的 DEA 模型代替传统的 DEA 模型，建立包含非期望产出的三阶段 DEA 模型。王星等（2017）利用包含非期望产出的三阶段 DEA 评价山东省碳排放绩效，对山东省各市发展低碳经济给出了战略性的指导意见。

具有代表性的生态效率评价方法如表 2-1 所示。

表 2-1   区域生态效率评价方法汇总

作者	研究对象	研究方法
杨斌（2009）	中国区域生态效率	DEA（CCR 模型）
周洋（2016）	山东省生态效率	超效率 DEA
王珂（2011）	农药行业生态效率	网络 DEA
李静、程丹润（2009）	中国地区环境效率	非期望产出 SBM
党廷慧、白永平（2014）	中国区域生态效率	非期望产出 SBM + 窗口 DEA

续表

作者	研究对象	研究方法
王兵等（2010）	中国区域环境效率	非期望产出 SBM + Malmquist – luenberger
吴鸣然、马骏（2016）	中国区域环境效率	二阶段 DEA（DEA + Tobit）
邓波等（2011）	中国区域生态效率	三阶段 DEA
王星等（2017）	山东省区域碳排放绩效	三阶段 DEA（非期望 SBM）

综上所述，包含非期望产出的三阶段 DEA 模型更能准确地测算生态效率。但运用此模型评价中国区域生态效率的研究还很少。因此本书运用包含非期望产出的三阶段 DEA 对 2011 ~ 2015 年中国的区域生态效率进行评价，以中国的 30 个行政区（因数据缺失原因，未包括西藏、香港、澳门和台湾）作为决策单元进行生态效率的评价，从而能够更准确地得到各行政区的相对生态效率，以便寻求影响中国区域生态效率的影响因素，为提高中国的区域生态效率提供参考。

区域生态效率
评价及收敛性
研究
Chapter 3

第3章　研究模型

3.1 DEA 原理及其基本模型

数据包络分析（DEA）由美国运筹学家查尼斯（A. Charnes）、库珀（W. W. Cooper）等人于 1978 年用线性规划模型来评价具有相同类型的多投入和多产出的决策单元（DMU）的相对效率的一种非参数统计方法。它把单投入、单产出的工程效率概念推广到多投入、多产出同类型决策单元（decision making unit，DMU）的有效性评价中，极大地丰富了微观经济中的生产函数理论及应用技术，同时避免主观因素、简化算法、减少误差等方面有着不可低估的优越性。由于其可以处理多投入多产出的数据，且不须知道其具体的函数形式，因此自该方法提出以来就得到了广泛的应用，现已成为管理科学、系统工程、决策分析、评价技术等领域一种常用而且重要的分析工具和研究手段。在介绍此方法之前，首先对有关的概念进行简单的介绍。

（1）决策单元（decision making unit，DMU）。

一个经济系统或一个生产过程都可以看成是一个单位（或一个部门）在一定可能范围内，通过投入一定数量的生产要素并产出一定数量的"产品"的活动。虽然这种活动的具体内容各不相同，但其目的都是尽可能地使这一活动取得最大的"效益"。由于从"投入"到"产出"需要经过一系列决策才能实现，或者说，由于"产出"是决策的结果，这样的单位（或部门）被称为决策单元。因此，可以认为，每个 DMU（第 i 个 DMU 常记作 DMU_i）都代表或表现出一定的经济意义，它的基本特点是具有一定的输入和输出，并且将输入转化成输出的过程中，努力实现自身的决策目标。效率评价的对象即决策单元，它是将投入转化为产出的实际载体，如企业、院校或政府等。DEA 效率就是一个决策单元相对于其他的决策单元的生产能力的效率。按照系统的语言，"投入"常称为"输入"，"产出"常称为"输出"。这样，一个 DMU 就是一个将一定"输入"转化成一定"输出"的实体。运用 DEA 模型进行效率评价时，要求各决策单元具有类似的特征，主要体现在：

①各决策单元具有相同的目标或任务；

②各决策单元处于相同的外部环境和条件；

③各决策单元拥有相同的投入指标和产出指标。

（2）投入（input）和产出（output）。

DEA 研究的是决策单元的生产效率，生产就要有要素的输入，同时有产品输出。输入的生产要素就称为投入，输出的产品就称为产出，在 DEA 分析时，投入和产出需满足下列特性；

①可自由处理性。是指可以使用一些技术手段改造决策单元，使其在产出不变的情况下减少投入或在投入不变的情况下增加产出。

②无量纲性。指的是当投入指标或产出指标的计量单位发生改变时对 DEA 的效率不会产生影响。但在通常情况下，不同决策单元的同一个投入或产出指标的计量单位应该相同。

③产出可以分为期望产出（或好产出）和非期望产出（坏产出）。期望产出指的是具有效益的产出，经济生产的主要目的就是得到期望产出。非期望产出指的是在生产的过程中带来的不想得到的附属产品，如工业企业在生产中排放的废水、废气等。

（3）参考集（reference set）。

在 DEA 分析时，一般都有多个投入和多个产出，投入和产出一般用向量表示，一个参考点就是一对输入、输出向量，所有参考点的集合就称为参考集。

假设有 n 个决策单元，它们具有相同的性质，第 j 个决策单元用 DMU_j（$j = 1, 2, \cdots, n$）表示，每个决策单元在进行生产时都有 n 项投入和 s 项产出，X_{ij} 表示第 j 个决策单元的第 i 项投入（$i = 1, 2, \cdots, m$），Yr_j 表示第 j 个决策单元的第 r 项产出（$r = 1, 2, \cdots, s$）。DMU_j 对应的投入和产出向量分别写成下列形式：

$$X_j = (x_{1j}, x_{1j}, \cdots, x_{mj},)^T \qquad (3-1)$$

$$Y_j = (y_{1j}, y_{1j}, \cdots, y_{sj},)^T$$

$$x_{1j} > 0, y_{1j} > 0 \qquad (3-2)$$

(X_j, Y_j) 是 DMU_j 实际观测值，则参考集可表示为：

$$\widehat{T}\{(X_1, Y_1), (X_2, Y_2), \cdots (X_n, Y_n),\} \qquad (3-3)$$

（4）生产可能集（production possibility set）。

在 DEA 分析时，假设有 n 个决策单元，X_j 表示第 j 个决策单元的投入向量，Y_j 表示其产出向量，则集合 $T = \{(X, Y) |$ 生产 Y 需投入 $X\}$ 称为生产可能集，生产可能集表示所有可能存在的生产活动结果。

①平凡公理：$(X_j, Y_j) \in T$，$\forall j = 1, \cdots, n$，即任意的观测到的生产活动均属于生产可能集。

②凸性公理：对任意的 $(X, Y) \in T$ 和 $(X', Y') \in T$，以及任意的 $\alpha \in [0, 1]$，均有 $\alpha(X, Y) + (1 - \alpha)(X', Y') \in T$，即若分别以 X 和 X′ 的 α 倍和 $(1 - \alpha)$ 倍之和作为新的投入，则可以得到 Y 和 Y′ 的 α 倍和 $(1 - \alpha)$ 倍之和的产出。此公理表明生产可能集 T 是一个凸集。

③锥性公理：对任意的 $(X, Y) \in T$，以及任意的 $k \geqslant 0$ 均有 $k(X, Y) \in T$，即若以原投入的 k 倍进行生产，可以得到原产出 k 倍的产出。

④无效性公理：若 $(X, Y) \in T$，对任意的 $X' \geqslant X$，$Y' \leqslant Y$，均有 $(X', Y') \in T$，即在原来的生产活动的基础上增加投入或减少产出的生产总是可能的。

⑤最小性公理：生产可能集是满足上述公理①~④的所有集合的交集。

（5）生产函数与规模收益。

定义1：称集合 $L(y) = \{x | (x, y) \in T\}$ 为对于 y 的输入可能集；

定义 2：称集合 $P(x)=\{y|(x,y)\in T\}$ 为对于 x 的输出可能集，其中 T 为生产可能集。

定义 3：设（x，y）$\in T$，如果不存在（x，y'）$\in T$，且 $y\leqslant y'$，则称（x，y）为有效生产活动。

定义 4：对生产可能集 T，所有有效生产活动（点）（x，y）构成的 $Rm+n$ 空间中的超曲面 $y=f(x)$ 称为生产函数。

显然，生产函数是一定的技术条件下，任何一组投入量与最大产出量之间的函数关系，由于生产可能集具有无效性，即允许生产中存在浪费现象，因此生产函数中 Y 是关于 x 的增函数。

定义 5：设（x，y）$\in T$，令：

$$\alpha(\beta)=\max\{\alpha\mid(\beta x,ay)\in T,\beta\neq 1\} \qquad (3-4)$$

$$\rho=\lim_{\beta\to 1}\frac{\alpha(\beta)-1}{\beta-1} \qquad (3-5)$$

若 $\rho>1$，称（x，y）对应的 DMU 为规模收益递增的：若 $\rho<1$，称（x，y）对应的 DMU 为规模收益递减的；若 $\rho=1$，称（x，y）对应的 DMU 为规模收益不变的。

定义 6：对生产过程（x_s，y_s），若（x_s，y_s）$\in T$，则 $\frac{\alpha}{\beta}\leqslant 1$，称（$x_s$，$y_s$）为最大生产规模点。

引理 1：若（x_s，y_s）为最大生产规模点，则（x_s，y_s）为规模收益不变的。

如果某一生产过程（x_0，y_0）处于规模收益递增状态，说明在 x_0 的基础上，适当增加投入量，可望最大可能产出有相对更高比例的增加，因此 DMU 会有增加投入的积极性，反之，从理论上说，DMU 将没有再增加投入的积极性。

（6）生产前沿面。

定义 7：设 $\omega\geqslant 0$，$\mu\geqslant 0$，以及 $L=\{(X,Y)\mid\omega^T X-\mu^T Y=0\}$ 满足：

$$T \subset \{ (X,Y) \mid \omega^T X - \mu^T Y \geqslant 0 \}$$

$$L \cap T \neq 0 \qquad\qquad (3-6)$$

则称 L 为生产可能集 T 的弱有效面，称 L∩T 为生产可能集的弱生产前沿面。特别地，若 ω > 0，μ > 0，则称 L 为 T 的有效面，称 L∩T 为生产可能集的生产前沿面。

在 DEA 理论中，判断一个 DMV 是否为有效，实质上就是判断该 DMV 是否落在生产可能集的生产前沿面上。

（7）效率。

在 DEA 理论中，效率通常包括：技术效率和规模效率。技术效率指的是在保持决策单元投入不变的前提下，实际产出同理想产出的比值。与经济学中的经济效率相比，技术效率不涉及资源的价格、成本等信息。一般情况下，技术效率取值在 0 和 1 之间。若技术效率值等于 1，则说明在现有投入水平下实现了产出的最大化，是技术有效的；若技术效率值小于 1，则说明的实际产出和理想产出之间还存在差距，没有位于生产前沿面上。技术效率反映了决策单元在给定投入情况下获取最大产出的潜力。

规模效率是在 CCR 效率和 BCC 效率的基础上定义的。Cooper 等（2000）指出 CCR 效率值为全局技术效率，BCC 效率值称为局部纯技术效率，两者的比值称为规模效率，即在规模报酬不变下的技术效率和规模报酬可变下的技术效率的比值。同样，规模效率值等于 1，说明决策单元是规模有效的；规模效率值小于 1，说明决策单元是规模无效的。

3.1.1　CCR 模型

CCR 模型是第一个 DEA 模型，也是最基本的 DEA 模型之一，由 Chanes，Cooper 和 Rhodes 于 1978 年建立。该模型是以规模收益不变为前提，对决策单元进行效率评价。CCR 模型是同时针对规模有效性与技术有效性而言的"总体"有效性。CCR 模型主要是在假设规模收益不变的情况下用于评价 DMU 总技术效率。CCR 模型包括输入导向（D 模型）和输出导向（P 模型）两种模型，D 模型指产出不变寻求最小投入，P 模型指投入一定寻求最大产出。CCR 模型采用线性规划的单纯形解法，由于其解具有对偶性，同一模型的投入型与产出型的解法一致，输入导向的 CCR 模型为：

$$\min\left[\theta - \varepsilon(\hat{e}^{T}s^{-} + e^{T}s^{+})\right],$$

$$\text{s. t}\quad \sum_{j=1}^{n} X_{j}\lambda_{j} + s^{-} = \theta X_{0},$$

$$\sum_{j=1}^{n} Y_{j}\lambda_{j} - s^{+} = Y_{0},\qquad(3-7)$$

$$s^{-} \geqslant 0, s^{+} \geqslant 0, \lambda_{j} \geqslant 0, j = 1, \cdots, n$$

其中，$X_{j} = (X_{j1}, X_{j2}, \cdots, X_{jn})$ 和 Y_{j} $(Y_{j1}, Y_{j2}, \cdots, Y_{jm})$ 分别是第 j 个决策单元 DMU_{j} 的输入、输出向量。λ_{j} 表示通过现行组合构造一个有效的 DMU_{j} 时，第 j 个决策单元的组合比例。θ 表示 DMU_{j} 离有效前沿面的径向优化量，具体在本书中表示地区生态效率，非阿基米德无穷小 ε 是一个小于任何正数而大于零的数。θ 为决策单元的相对效率，即投入相对于产出的有效利用程度。θ 越大，相对效率越高。$s-$ 为松弛变量，$s+$ 为冗余变量。

若模型存在最优解，其经济含义为：

（1）$\theta^{*} = 1$，决策单元 j_{0} 为 CCR 弱有效。

（2）$\theta^{*} = 1$，且 $s^{*}+ = 0$，$s^{*}- = 0$。决策单元 $DMUj_{0}$ 为 CCR 有效。

（3）$\theta^{*} < 1$，决策单元 j_{0} 不是 CCR 有效，说明与其他被评价决策单元相比，该决策单元远没有达到最优状态，它可以通过将所有资源投入压缩 θ 倍，而保持原有产出不减。

3.1.2 BCC 模型

1984 年 Banker, Charnes 和 Cooper 给出了 BCC 模型，是由生产可能集的公理体系："平凡公理""凸性公理""无效性公理""最小性公理"而唯一确定的。BCC 模型是在 CCR 模型基础上的改进模型。

$$\min[\delta - \varepsilon(\hat{e}^T s^- + e^T s^+)],$$

$$\text{s. t} \quad \sum_{j=1}^{n} X_j \lambda_j + s^- = \delta X_0,$$

$$\sum_{j=1}^{n} Y_j \lambda_j - s^+ = Y_0, \qquad (3-8)$$

$$\sum_{j=1}^{n} \lambda_j = 1,$$

$$s^- \geqslant 0, s^+ \geqslant 0, \lambda_j \geqslant 0, \quad j = 1, \cdots, n$$

若模型存在最优解，其经济含义为：

（1）$\delta^* = 1$，决策单元 j_0 为 BCC 弱有效。

（2）$\delta^* = 1$，且 $s^{*+} = 0$，$s^{*-} = 0$。决策单元 DMU_{j_0} 为 BCC 强有效。

（3）$\delta^* < 1$，决策单元 j_0 不是 BCC 有效。

$S = \theta/\delta$ 为 DMU_{j_0} 规模效率，θ 和 δ 分别为 DMU_{j_0} 的技术效率和纯技术效率。

BCC 模型突破了 CCR 模型固定规模报酬的假设，将决策单元规模因素纳入效率分析中来，由同时评价规模有效性和技术有效性转为单纯评价技术有效性。把技术效率（TE，也称综合效率）分解成纯技术效率（PTE）和规模效率（SE）。纯技术效率反映了 DMU 当前生产点与规模收益变化的生产前沿之间的技术水平运用的差距；规模效率则反映规模收益不变的生产前沿与规模收益变化的生产前沿之间的距离。纯技术效率代表剔除决策单元组织规模因素的技术效率，规模效率则衡量决策单元是否实现最佳生产规模。

3.1.3　包含非期望产出 SBM 模型（slack – based measure，SBM）

Tone（2001）通过在目标函数中引入投入和产出松弛量，提出了一个非径向、非角度基于松弛的 SBM 效率评价模型。不同于传统的 input – oriented 或 output – oriented 模型，SBM 将两种导向纳入同一个模型中来，考虑到所有变量可能存在的改进空间，并将其体现在目标函数中，最终得到一个取值在 0 和 1 之间的效率测量值。SBM 与传统 CCR 和 BCC 模型的不同之处在于把松弛变量直接放入了目标函数中，一方面解决了投入产出松弛性的问题，另一方面也解决了非期望产出存在下的效率评价问题。此外，SBM 模型属于 DEA 模型中的非径向和非角度的度量方法，它能够避免径向和角度选择的差异带来的偏差和影响，比其他模型更能体现效率评价的本质。

Tone（2001）提出非径向和非导向的 SBM 模型：

$$\min\rho = \frac{1 - \frac{1}{m}\sum_{i=1}^{m}\frac{s_i^-}{x_{i0}}}{1 + \frac{1}{s}\sum_{r=1}^{s}\frac{s_r^+}{y_{r0}}} \tag{3-9}$$

$$\text{s.t}\quad x_0 = X\lambda + s^-$$
$$y_0 = Y\lambda - s^+$$
$$\lambda \geq 0,\ s^- \geq 0,\ s^+ \geq 0.$$

其中，(x_{i0}, y_{i0}) 是决策单元的投入产出值，(x_i^-, y_i^+) 表示投入产出的松弛向量。相对于传统 CCR、BCC 模型的两个缺陷，模型同时考虑了投入和产出的两个方面，并证明了当模型的松弛量为零，且效率值大于等于效率值时，是技术有效的。同时，模型有两个重要特性：第一，指标关于每个投入产出项目的单位是不变的；第二，效率值对于每个投入产出的松弛量是单调递减的。

　　传统的 DEA 模型，要求投入的越少、输出的越多越好，但实际生产中除了获得期望的输出外，有时不可避免地有非期望产物的产出。例如，在一个造纸厂中，造纸过程不可避免地产生废水、废气等非期望产出。在对决策单元进行效率评价时若忽略这些因素的存在，仅仅要求期望产出越多越好显然是不合理的，这就需要重新建立具有非期望产出的 DEA 模型。

　　对非期望产出的处理方式主要有 4 种：（1）在投入导向的前提下将非期望产出作为投入，禀着产出一定时投入尽量少的原则希望非期望产出越少越好，代表文献如 Mohtadi 等的研究。（2）将非期望产出取倒数放入产出中，这样非期望产出越大，绿色创新效率越低，代表文献如 Scheel 等和 Zhu 等的研究。（3）将非期望产出向量乘以 -1，再通过一定方法使为负值的非期望产出变为正值纳入效率测算模型，代表文献为 Seiford 等提出的"逆产出模型"。（4）将非期望产出和期望产出一起引入生产过程，利用方向性距离函数来对其进行分析，代表文献有 Chung 等、王兵等、杨俊等的研究。

　　Tone（2003）通过对前人的总结，构建了一种考虑松弛测度的处理非期望产出的模型（DEA – SBM 模型），SBM 模型可以很好地处理非期望产出问题，SBM 模型属于 DEA 模型中的非径向、非导向的测算模型，能够避免径向和角度选择的差异带来的偏差和影响，相比较其他模型可以更加有针对性地体现效率的根本问题。

　　非期望产出 SBM 模型构造如下：

　　设某一系统有 n 个决策单元，每个单元有 3 类投入产出指标：m 种投入指标，q_1 种期望产出指标，q_2 种非期望产出指标。

　　则第 i 个决策单元投入指标值 x_i、期望产出指标值 y_i^g 和非期望产出指标值 y_i^u 分别为：

$$x_i = (x_{1i}, x_{2i}, \cdots, x_{mi}) \in R^{m \times n}$$

$$y_i^g = (y_{1i}^g, y_{2i}^g, \cdots, y_{q_1 i}^g) \in R^{q_1 \times n} \qquad (3-10)$$

$$y_i^u = (y_{1i}^u, y_{2i}^u, \cdots, y_{q_2 i}^u) \in R^{q_2 \times n}$$

决策单元集 T_{DMU}：

$$T_{DMU} = \left\{ (x_1, y_1^g, y_1^u), (x_2, y_2^g, y_2^u), \cdots, (x_2, y_2^g, y_2^u) \right\} \quad (3-11)$$

根据 SBM 模型构造思路，样本单元确定的可能集 T：

$$T = \left\{ (x, y^g, y^u) \mid x_k \geqslant X\lambda, y_k^g \leqslant Y^g\lambda, y_k^u \geqslant Y^u\lambda, \lambda \geqslant 0 \right\} \quad (3-12)$$

根据 Tone（2003）提出的 SBM 模型处理方法，若 $\sum\limits_{k=1}^{n} \lambda_k = 1$ 即规模报酬可变（VRS）时，基于传统投入产出法计算出的无效率单元（$\rho < 1$）效率值会出现差异，不利于进一步分解规模效率，因此设定非期望 SBM 模型为：

$$
\begin{aligned}
\min\rho &= \dfrac{1 - \dfrac{1}{m}\sum\limits_{i=1}^{m}\dfrac{s_i^-}{x_{i0}}}{1 + \dfrac{1}{q_1 + q_2}\left(\sum\limits_{r=1}^{q_1}\dfrac{s_r^g}{y_{r0}^g} + \sum\limits_{r=1}^{q_2}\dfrac{s_r^u}{y_{r0}^u} \right)} \\[2mm]
\text{s.t} \quad & X\lambda + s^- = x_0 \\
& Y^g\lambda - s^g = y_0^g \\
& Y^\lambda - s^u = y_0^u \\
& s^- \geqslant 0, s^g \geqslant 0, s^u \geqslant 0, \lambda \geqslant 0
\end{aligned}
\quad (3-13)
$$

其中，x_i、y_r^g、y_r^u 分别为投入、期望产出、非期望产出指标；s_i^-、s_r^g、s_r^u 分别为投入指标、期望产出、非期望产出松弛量；m、q_1、q_2 分别代表投入指标、期望产出、非期望产出的个数；X、Y^g、Y^u 分别为投入、期望产出、非期望产出矩阵；S_i^-、S_r^g、S_r^u 分别为投入、期望产出、非期望产出松弛矩阵；λ 为密度向量，代表各投入要素的权重；目标函数值 ρ^* 为效率评价标准，关于 S_i^-、S_r^g、S_r^u 严格递减，且 $0 \leqslant \rho^* \leqslant 1$。

3.2 随机前沿分析（SFA）

在经济学中，技术效率的概念应用广泛。Koopmans 首先提出了技术效率的概念，他将技术有效定义为：在一定的技术条件下，如果不减少其他产出就不可能增加任何产出，或者不增加其他投入就不可能减少任何投入，则称该投入产出为技术有效的。Farrel 首次提出了技术效率的前沿测定方法，并得到了理论界的广泛认同，成为效率测度的基础。

生产率和效率的度量涉及生产函数。DEA 方法的特点是将有效的生产单元链接起来，用分段超平面的组合也就是生产前沿面来紧紧包络全部决策单元，是一种确定性前沿方法，没有考虑随机因素对生产率和效率的影响。随机前沿生产函数则解决了这个问题。

在实际应用中，前沿面是需要确定的。其确定方法主要有两种：一种是通过计量模型对前沿生产函数的参数进行统计估计的，并在此基础上，对技术效率进行测定，这种方法被称为效率评价的"参数方法"；另一种是通过求解数学中的线性规划来确定生产前沿面，并进行技术效率的测定，这种方法被称为"非参数方法"。参数方法的特点是通过确定前沿生产函数的参数来确定生产前沿面，针对不同研究对象所确定的生产函数也各不相同，技术效率的测度具有一定的针对性，而非参数方法只须通过求解线性规划来确定生产前沿面，方法简单易行，应用广泛。

参数方法依赖于生产函数的选择，常用的生产函数有 Cobb - Douglas 生产函数、Translog 生产函数等。参数方法的发展经历了两个阶段：确定型前沿模型和随机型前沿模型。Aigner 等、Afriat 分别提出了各自的确定型前沿模型，在不考虑随机因素影响的情况下求解前沿生产函数。但是，由于确定型前沿模型把所有可能产生影响的随机因素都作为技术无效率来进行测定，这使其技术效率测定结果与实际的效率水平有一定的偏差。为了消除确定型前沿模型的这一缺陷，Meeusen 和 Vanden Broeck，以及 Aigner，Lovell 和 Schmidt 和 Battese、Corra 提出了随机前沿模型（stochastic frontier approach，SFA），对模型中的误差项进行了区分，提高了技术效率测定的精确性。它是一种技术效率理论的参数方法。

在经济学中，常常需要估计生产函数或者成本函数。生产函数 $f(x)$ 的定义为：在给定投入 x 情况下的最大产出。但现实中的生产商可能达不到最大产出的前沿，假设生产商 i 的产量为：

$$y_i = f(x_i, \beta) \xi_i \qquad (3-14)$$

其中，β 为待估参数；ξ_i 为生产商 i 的水平，满足 $0 < \xi_i < 1$。如果 $\xi_i = 1$，则生产商 i 正好处于效率前沿。同时，考虑生产函数还会受到随机冲击，故将式（3-14）改写成：

$$y_i = f(x_i, \beta) \xi_i e^{v_i} \qquad (3-15)$$

其中，$e^{v_i} > 0$ 为随机冲击。式（3-15）意味着生产函数的前沿 $f(x_i, \beta) e^{v_i}$ 是随机的，故此类模型称为"随机前沿模型"。

假设 $f(x_i, \beta) = e^{\beta_0} x_{1i}^{\beta_1} \cdots x_{ki}^{\beta_k}$（柯布道格拉斯生产函数，共有 K 个投入品），则对式（3-15）取对数可得：

$$\ln y_i = \beta_0 + \sum_{k=1}^{K} \beta_k \ln x_{ki} + \ln \xi_i + v_i \qquad (3-16)$$

由于 $0 < \xi_i < 1$，故 $\ln \xi_i \leq 0$。定义 $u_i = \ln \xi_i \geq 0$，则式（3-16）可以写成：

$$\ln y_i = \beta_0 + \sum_{k=1}^{K} \beta_k \ln x_{ki} + v_i - u_i \qquad (3-17)$$

其中，$u_i \geq 0$ 为"无效率"项，反映生产商 i 距离效率前沿面的距离。混合扰动项 $\varepsilon_i = \nu_i - u_i$ 分布不对称，使用 OLS 估计不能估计无效率项 u_i。为了估计无效率项 u_i，必须对 ν_i 和 u_i 的分布作出假设，并进行更有效率的 MLE（最大似然估计）估计。

一般地，无效率项的分布假设有如下几种：①半正态分布；②截断正态分布；③指数分布。

在一般的论文中，使用最多的是半正态分布。

随机前沿模型可以很容易地用于估计成本函数，经过与生产函数的随机前沿模型类似的推导可得：

$$\ln c_i = \beta_0 + \beta_y \ln y_i + \sum_{k=1}^{K} \beta_k \ln P_{ki} + \nu_i + u_i \qquad (3-18)$$

其中，c_i 为生产商 i 的成本，y_i 为产出，P_{ki} 为要素 K 的价格，u_i 为无效率项，ν_i 为成本函数的随机冲击。

对于成本函数，$u_i = 0$ 意味着生产商达到最低成本的效率前沿；反之，如果 $u_i > 0$，则生产商需付出更高的成本。

使用随机前沿模型的前提是无效率项 u_i 存在，此假定可以通过检验 "$H_0 : \sigma_u^2 = 0$；$H_1 : \sigma_u^2 > 0$" 来判断是否成立。使用单边的广义似然比检验。

我们主要关注松弛变量（$x - X\lambda$），并认为这种松弛变量可以反映初始的低效率，由环境因素、管理无效率和统计噪声构成。第二阶段的主要目标是将第一阶段的松弛变量分解成以上三种效应，要实现这个目标，只有借助于 SFA 回归，在 SFA 回归中，第一阶段的松弛变量对环境变量和混合误差项进行回归。值得一提的是，Fried 等人于 2002 年提出的三阶段 DEA 模型可以视为其 1999 年提出的模型的扩展，在 1999 年的模型中，Fried 等仅考虑了环境因素的影响，剔除环境因素的影响使用的是 Tobit 回归。而 2002 年的模型同时考虑环境因素和随机噪声的影响，此时 Tobit 回归不能有效分离随机噪声的影响，因此才借助于 SFA 回归。

3.3　包含非期望产出的三阶段 DEA 模型

由于传统的 DEA 模型并没考虑到环境因素对绩效所产生的影响，Fried（1999）等提出外生环境变量对相对效率影响的四阶段 DEA 模型评价方法，但四阶段法仍无法剔除统计噪声所造成影响，因此，Fried（2002）等进一步对四阶段 DEA 模型法进行了优化，提出了三阶段 DEA 模型法，既调整了环境变量的影响，又剔除了统计噪声项的影响（Fried 第二阶段用的是生产函数，本书用成本函数）。该模型既保留了传统 DEA 模型的优点，又结合 SFA（随机前沿分析），弥补了 DEA 的缺陷，剔除了环境影响和统计噪声，使决策单元处于相同的环境和统计噪声状态下评价决策单元的效率。但 Fried（2002）提出的三阶段 DEA 模型不能处理包含非期望产出的变量。因此本书用包含非期望产出的 SBM – DEA 模型替换传统 DEA 模型，命名改进的三阶段 DEA 模型为包含非期望产出的三阶段 DEA 模型，包括以下三个阶段。

（1）第一阶段：包含非期望产出 SBM 模型。

DEA 的相对效率评价思想要求投入必须尽可能地缩减而产出必须尽可能地扩大，即满足以最小的投入生产尽可能多的产出。但是现实生产过程并非如此，一些生产过程带有明显的副产品，其中很多是我们所不期望生产的产品，称为"非期望产出"（undesirable output），如伴随着纸的生产，也排放出大量的污水、废气等副产品。这些非期望产出必须尽可能地减少才能实现最佳的经济效率，而传统的 DEA 模型却只能使之增加，违背了效率评价的初衷，经典的 DEA 模型对于非期望产出的处理显然不再适合。

DEA 模型从其发展和度量办法上可分为四种类型：①径向和角度的；②径向和非角度的；③非径向和角度的；④非径向和非角度

的。径向是指投入或产出按等比例缩减或放大以达到有效,角度是指投入或产出角度。传统的 DEA 模型大多属于径向和角度的度量,不能充分考虑投入产出的松弛性问题,度量的效率值也因此是不准确或有偏的。

因此,本书采用非径向、非角度的 SBM 模型,并且将非期望产出和期望产出一起引入生产过程,运用包含非期望产出的 SBM 模型分析中国区域生态效率。

包含非期望产出的 SBM 模型见公式(3 – 13)。

(2)第二阶段:建立相似 SFA 回归模型。

第一阶段 DEA 方法的一个缺陷是:它将任何与效率前沿的偏离都看作是管理无效率导致的,而不考虑决策主体所处环境和统计噪声等对效率的影响。因此,DEA 效率得分可能会低估或高估实际的效率水平。所以在第二阶段采用相似 SFA 回归模型分析外部环境和统计噪声对效率的影响,并剔除外部环境和统计噪声对效率的影响。

如何正确使用 SFA 回归,Fried 等的分析是这样的。

Fried 等认为,当运用 SFA 模型对第一阶段的松弛变量进行回归时,我们面临两对选择。

第一对选择:同时调整投入和产出或只调整投入和产出的一种。Fried 等指出,根据我们第一阶段的导向类型进行选择,如果第一阶段是投入导向,则仅对投入松弛变量进行 SFA 回归分解,并调整投入变量。

第二对选择:估计 N 个单独的 SFA 回归或将所有松弛变量堆叠(stack)从而只估计一个单独的 SFA 回归。前一种估计方法的优点是允许环境变量对不同的松弛变量有不同的影响,后一种方法的优势是自由度更高。Fried 等认为牺牲自由度而保持灵活性更加有效。

通过第一阶段 DEA 模型分析,可以得到无效率决策单元的投入松弛变量。Fried（2002）认为，决策单元的无效率受到管理无效率（managerial inefficiencies）、环境因素（environmental effects）和统计噪声（statistical noise）的影响，因此有必要分离这三种影响。因为第一阶段采用非径向、非角度的 SBM 模型，所以无效率决策单元既有投入的松弛变量，又有产出的松弛变量。在第二阶段，通过相似 SFA 回归模型，对第一阶段的投入和产出的松弛变量进行分解，将决策单元的投入和产出的松弛变量作为被解释变量，环境因素、管理无效率和统计噪声作为解释变量，然后剔除环境变量和统计噪声的干扰，从而得到由管理无效率引起的投入和产出松弛。建立 SFA 回归方程如下：

$$S_{ni} = f(Z_k;\beta_k) + \nu_{ni} + u_{ni}; n = 1, 2, \cdots, N; i = 1, 2, \cdots, I \quad (3-19)$$

其中，$i = 1, 2, \cdots, I$ 表示第 i 个决策单元；$n = 1, 2, \cdots, N$ 表示 n 个投入或产出变量；S_{ni} 表示第 i 个决策单元第 n 项投入或产出的松弛值；$f(Z_i;\beta_n)$ 表示环境变量对投入和产出松弛变量的影响，通常取 $f_i(Z_k;\beta_k) = \beta_0 + \sum\limits_{k=1}^{k} Z_k \times \beta_k$，$Z_k$ 表示第 k 个环境变量，β_0 为常数，β_k 是第 k 个环境变量的系数；$\nu_{ni} + \mu_{ni}$ 是混合误差项，ν_{ni} 表示统计噪声，u_{ni} 表示管理无效率。其中 $\nu_{ni} \sim N(0, \sigma_\nu^2)$ 是统计噪声项，表示随机干扰因素对投入松弛变量的影响；u_{ni} 是管理无效率，表示管理因素对投入松弛变量的影响，假设其服从在零点截断的正态分布，即 $u_{ni} \sim N^+(0, \sigma_u^2)$。$\nu_{ni}$ 和 u_{ni} 互相独立。然后通过最大似然估计计算出 β_k、σ^2 和 γ 等参数的估计值，根据 $\sigma^2 = \sigma_\nu^2 + \sigma_u^2$ 和 $\gamma = \dfrac{\sigma_u^2}{\sigma_\nu^2 + \sigma_u^2}$ 计算出 σ^ν 和 σ^u。γ 值位于 $0 \sim 1$ 之间，当 γ 值趋近于 1 时，表明管理因素的影响占主导地位；而当 γ 值趋近于 0 时，则表明统计噪声的影响占主导地位。

根据陈巍巍（2014）论文的思路，推导出管理无效率分离公式，分离公式如下：

$$E(u_{ni} \mid u_{ni} + v_{ni}) = \sigma_* \left[\frac{\phi\left(\lambda\dfrac{\varepsilon}{\sigma}\right)}{\Phi\left(\dfrac{\lambda\varepsilon}{\sigma}\right)} + \frac{\lambda\varepsilon}{\sigma} \right] \qquad (3-20)$$

其中，$\sigma_* = \dfrac{\sigma_u \sigma_v}{\sigma}$，$\sigma = \sqrt{\sigma_u^2 + \sigma_v^2}$，$\lambda = \sigma_u / \sigma_v$，$\phi$ 是标准正态分布的密度函数，Φ 是标准正态分布的分布函数。

根据式（3-19）和式（3-20）可以计算出统计噪声，计算公式如下：

$$E(v_{ni} \mid u_{ni} + v_{ni}) = S_{ni} - \beta_0 - \sum_{k=1}^{k} Z_k \times \beta_k - E(u_{ni} \mid \mu_{ni} + v_{ni})$$

$$(3-21)$$

SFA 回归的目的是剔除环境因素和随机因素对效率测度的影响，利用 SFA 结果（无效率方程）对投入项进行重新调整，将所有决策单位调整到相同的环境条件，同时将统计噪声调整到相同水平，调整公式如下：

$$X_{ni}^A = X_{ni} + [\max(f_i(Z_k;\beta_k)) - f(Z_k;\beta_k)] + [\max(v_{ni}) - v_{ni}]$$
$$i = 1,2,\cdots,m; n = 1,2,\cdots,N \qquad (3-22)$$

$$Y_{ni}^{gA} = Y_{ni}^g - [\max(f_i(Z_k;\beta_k)) - f(Z_k;\beta_k)] - [\max(v_{ni}) - v_{ni}]$$
$$i = 1,2,\cdots,q_1; n = 1,2,\cdots,N \qquad (3-23)$$

$$Y_{ni}^{uA} = Y_{ni}^u + [\max(f_i(Z_k;\beta_k)) - f(Z_k;\beta_k)] + [\max(v_{ni}) - v_{ni}]$$
$$i = 1,2,\cdots,q_2; n = 1,2,\cdots,N \qquad (3-24)$$

其中，X_{ni}^A、Y_{ni}^g、Y_{ni}^u 分别是调整后的投入变量、期望产出、非期望产出变量；X_{ni}、Y_{ni}^g、Y_{ni}^u 分别是调整前的投入、期望产出、非期望产出变量；$[\max(f_i(Z_k;\beta_k)) - f(Z_k;\beta_k)]$ 是对外部环境因素进行调整，使所有决策单元处于相同环境影响下，$[\max(v_{ni}) - v_{ni}]$ 表示将所有决策单元的统计噪声调整到相等水平，使每个决策单元处于相同的外部环境和运气水平下。

（3）第三阶段：调整后非期望产出 SBM 模型。

把剔除了环境和随机因素的投入变量 X_{ni}^A、Y_{ni}^g、Y_{ni}^u 代入包含非期望产出的 SBM 模型再次测算各决策单元的相对效率，此时得到的效率值已经剔除环境因素和随机因素的影响，更能明确地反映出决策单元的管理无效率状况。这是相对真实准确的。

第4章 中国省际区域生态效率实证分析

4.1 指标体系构建和数据来源

4.1.1 评价指标体系构建

关于生态效率评价指标体系的确立，需要根据生态效率的概念来分析，生态效率的概念简单地说就是经济增加值与资源环境影响的比值，即涉及经济价值和资源环境影响两个方面。而经济价值是产出类指标；资源消耗是投入类指标；环境影响虽然是经济活动产生的污染物对环境的影响，是"产出指标"，但环境影响是活动经济产出所需要付出的代价，实际上也是一种投入，是"环境恶化代价"的"投入"，因此环境影响也可看作是投入类指标。本书把环境影响非期望产出指标。因此对区域生态效率的评价指标体系应包含经济—资源—环境复合系统的投入、产出两个方面。

现有文献关于生态效率评价指标体系的研究有以下两种。

（1）企业、行业生态效率指标。

关于企业、行业等微观层面生态效率指标的选择，由于各企业、行业自身情况的不同，指标的选取差异较大。英国学者 Kristina Dahlstrom 和 Paul Ekins 对英国的铝制品和钢铁行业进行了生态效率的评价，从资源生产率、资源效率和资源强度三个方面选取了11 项指标进行评价；我国学者牛苗苗（2012）选取了员工人数、研发费用、固定资产净值、主营业务成本、原料消耗、淡水耗用、能源消耗等 7 项投入指标和原煤产量、主营业务收入、工业产值、利润总额、利税总额等 5 项产出指标评价了我国煤炭行业生态效率水平。戴铁军和陆钟武（2005）以钢铁企业为例，选取资源效率、能源效率和环境效率三个方面指标，对钢铁企业的生态效率进行评价分析。

（2）区域层面生态效率指标。

国家、区域等宏观层面的生态效率指标选取比较有代表性的就是德国的环境经济核算账户中设计的 3 大类 8 小类指标和芬兰学者 Hoffren 设计的五种计量国家经济创造福利的生态效率指标。我国学者诸大建和邱寿丰在借鉴德国环境经济账户中生态效率指标的基础上，根据我国实际情况，构建了适度测量我国循环经济发展的生态效率指标。党廷慧、李静将环境投入作为非期望产出构建中国区域生态效率指标体系。于洪丽把环境污染指数的倒数作为投入变量建立了中国长江经济带区域生态效率指标体系。白世秀、黄和平、王星分别以黑龙江省、江西省、山东省为例，设计了省域生态效率评价指标体系（见表 4 - 1）。

表 4 - 1　　　　　　　国内外生态效率评价指标体系

作者	研究对象	投入	期望产出	非期望产出
Hartmut Hoh、Karl Schoer and Steffen Seibel（1992）	德国	土地、能源、水、原材料、劳动力、资本	GDP	温室气体、酸性气体
邱寿丰、诸大建（2007）	中国	土地、能源、水、原材料	GDP	废气排放、废水排放、废固排放
党廷慧、白永平（2014）	中国	资源消耗、资本投入、人力资本投入	GDP	废水排放总量、废气排放量、固体废弃物排放总量
李静、程丹润（2008）	中国	能源消费量、劳动力、资本投入	GDP	工业废水排放量、工业废气排放量和工业固体废物排放量
于洪丽（2017）	中国长江经济带	能源投入、劳动力投入、资本投入	GDP	环境污染指数取倒数
白世秀（2011）	中国黑龙江省	能源 劳动力	GDP	废水 废气 固废

续表

作者	研究对象	投入	期望产出	非期望产出
黄和平、伍世安、智颖飙等. (2010)	中国江西省	能源、用水、建设用地	GDP	COD 排放、二氧化硫排放、工业固体排放
王星、盖美、王嵩（2017）	中国山东省	动力投入、资本投入、能源消耗	GDP	碳排放量

根据以上国内外关于生态效率评价指标的代表性文献的分析，关于生态效率评价指标的选取本书可以得到下面的几个结论和启示。

（1）从生态效率评价的对象可以看出，不同的评价对象，生态效率评价指标的选择有所不同。对于企业和行业而言，一般选择经济价值类指标作为分子，如有效原材料产出、有效能源产出、企业的销售收入和企业生产的产品数量等；分母指标一般选择原材料投入、能源投入、总资产及员工人数等；污染排放类指标有的作为分子，有的作为分母。而针对区域生态效率的评价，分子则一般选择 GDP，分母选择资源类和环境影响类指标。

（2）在适合区域生态效率的度量指标中，GDP 作为生态效率公式中的分子指标是一个必用的指标，通过文献的分析还可以看出，很多学者为了增加分析的可信度，GDP 都采用不变价的 GDP。

（3）总体来看，在生态效率评价指标的设计上，侧重于经济、资源和环境三个维度。

本书认为，在建立区域生态效率评价指标体系时，除了要借鉴现有文献的研究成果外，还要遵循生态效率的内涵和指标的科学性，同时还要考虑到我国当前统计资料的完全性、工作的难度，尤其是数据、资料的可得性等实际情况，从我国的经济发展水平和资源环境发展水平入手来设计适合该区域的生态效率评价指标体系。本书基于协调发展的角度，从经济、资源和环境 3 个方面构建生态效率评价指标体系。从系统的投入、产出两个方面选择经济类、资源类、环境影响类等三大类指标（见表 4-2）。

表 4-2　　　　　　　　　　生态效率评价指标体系

指标类型	一级指标	二级指标	变量定义
投入指标	资源投入	劳动力投入	X_1 从业人员数（万人）
		资本投入	X_2 全社会固定资产投资（亿元）
		水资源消耗	X_3 用水总量（亿立方米）
		能源消耗	X_4 能源消费量（万吨标准煤）
产出指标	期望产出	经济发展总量	Y^g 地区 GDP（亿元）
	非期望产出	废水排放	Y_1^u 化学需氧量（万吨）
		废气排放	Y_2^u 二氧化硫排放量（万吨）
		固体废物排放	Y_3^u 一般工业固体废物产生量（万吨）

（1）投入指标：生态效率是经济、资源和环境 3 个方面的综合反映。资源可以分为自然资源和社会资源，依据生态效率的概念，本书仅考虑自然资源，包括与人类经济活动密切相关的劳动力投入、资本投入、能源、水和土地。

①劳动力投入。应当主要反映就业人数，劳动时间、劳动种类以及劳动质量等因素，由于数据限制，没有科学指标对上述要素进行有效度量，因此以各地区的 X_1 从业人员数作为劳动力投入指标的替代。

②资本投入。国内学者一般选择永续盘存法进行估算，续盘存法计算资本存量，依赖于四个关键变量的选择：基年资本存量、折旧率、固定资产价格指数和每年投资额。由于上述四个关键指标选取难以有统一的定论，而且受省际物流业数据限制，勉强估算可能产生较大偏差。刘秉镰（2006）、邓学平（2008）采用固定资产投资作为资本存量的替代，本书也采用这一方法，选取固定资产投资 X_2 代替资本存量作为资本投入量，并以 2011 年为基期（2011 年 = 100）的固定资产投资价格指数折算为不变价。由于缺少分行业固定资产投资价格指数，因此本书以全行业固定资产投资价格指数作为替代。

③水资源投入：以用水总量 X_3（亿立方米）表征水资源投入。

④能源投入：以能源消耗总量 X_4（百万吨标准煤）来衡量能源投入。

国内外学者多选取建设用地作为土地资源投入，由于统计数据中建设用地的数据有缺失，因此本书没有选择土地资源投入作为投入指标。

（2）产出指标：将劳动力、资本、资源和能源等要素投入生产过程中进行生产时，除了得到我们期望的产出 GDP 外，还会带来非期望产出或者称为"坏产出"，如二氧化碳等。本书的目的就是研究我国各地区的生态效率，故选取 GDP 作为期望产出，选择"三废"排放量作为非期望产出。

期望产出用各省区市地区生产总值 Y^g，即地区 GDP 表示，为消除价格因素影响，本书对地区 GDP 以 2011 年为基年进行了平减；非期望产出通常使用全社会"三废"排放量来衡量环境污染指标，本书选用化学需氧量 Y_1^u（万吨）表征废水排放量；用二氧化硫排放量 Y_2^u（万吨）作为代理变量对全社会废气排放总量进行衡量；一般工业固体废物排放量 Y_3^u（万吨）代替全社会固体废物排放总量。

DEA 模型要求投入和产出指标应该具有同向性。对投入和产出指标进行 Pearson 相关性检验，检验结果见表 4 - 3。从表 4 - 3 可以看出，除一般工业固体废物产生量外，其他投入指标与产出指标相关系数为正，并能在 0.01 的显著水平下通过双侧检验。因为投入变量 Y_3^u 没有通过 Pearson 相关性检验，所以把 Y_3^u 一般工业固体废物产生量从指标体系中排除。

表 4 - 3　　　　生态效率投入和产出变量相关性

		X_1	X_2	X_3	X_4	Y_1^u	Y_2^u	Y_3^u
Y	Pearson 相关性	0.812 *** (0.000)	0.870 *** (0.000)	0.524 *** (0.000)	0.850 *** (0.000)	0.712 *** (0.000)	0.434 *** (0.000)	0.174 (0.180)

注：*** 表示分别通过显著性水平为的 1% 的检验；括号中数值为检验的 p 值。

4.1.2　外部环境变量的选取

本书运用包含非期望产出的三阶段 DEA 模型评价区域生态效率，第二阶段采用相似 SFA 对投入和产出变量的松弛变量进行回归，剔除外部环境变量和统计噪声对生态效率的影响，所以需要选择影响区域生态效率的外部环境因素。

生态效率是由资源禀赋、生产方式、制度环境等多种因素共同作用决定的，而且这些因素对生态效率的影响也不完全相同，我们不可能把所有的因素都考虑进来。环境变量应选取对区域生态效率产生影响，但不在样本主观可控范围的因素，这包括地区的产业结构组成、政府对环境治理的投入、其他因素等。邓波等（2010）选择产业结构、政府对环境保护的相关政策、人力资源因素作为外部环境变量。杨俊等（2012）选择城镇化率、社会发展水平、经济开放程度、规模以上工业企业数、地理因素作为外部环境变量，分析中国环境治理投入效率。罗相均、牛建广（2017）选择环境治理投资总额、产业结构和人均汽车拥有量三项指标作为外部环境变量分析 2014 年中国区域生态效率。

在已有的文献中，都是根据其研究的侧重点不同来选择不同的影响变量。综合以前的研究，本书选择环境治理投资总额 Z_1（亿元）、第二产业所占比例 Z_2（%）和人均汽车拥有量 Z_3（辆/万人）三项指标作为环境变量，并分析各环境变量对我国生态效率水平的影响，各环境变量经济意义如下：

（1）环境治理投资总额 Z_1（亿元），中国对于环境治理投资的很大部分来自政府性支出。环境污染治理投资的范围较广，能够较全面地覆盖污染治理的方方面面，主要包括老工业污染源治理、建设项目"三同时"、城市环境基础设施建设三个部分。环境治理投资势必会有效地控制污染的排放，保护生态环境，提高生态效率。所以选择环境治理投资总额作为生态效率的环境变量。

（2）第二产业所占比例 Z_2（%），许正松等（2014）分析产业结构和环境污染的关系，得到第二产业的比重对环境污染有着显著的正向影响。本书用第二产业所占比例代表产业结构组成，分析第二产业所占比例对生态效率松弛变量的影响。产业结构是人类作用于生态环境系统的主要环节，产业结构的合理性决定了经济效益、资源利用效率和生态环境。

（3）人均民用汽车拥有量 Z_3（辆/万人），到 2015 年中国人均民用汽车拥有量达到 1187 辆/万人。曲凌夫（2010）通过分析城市污染产生的原因，得到汽车造成的污染已成为城市环境及大气环境的主要污染源之一。研究表明，汽车环境污染已经成为全世界面临的重要难题，汽车对生态环境造成的影响是巨大的。所以选取人均民用汽车拥有量作为生态效率的外部环境变量。

4.1.3 研究样本与数据来源

本书分两个层面分析中国生态效率。第一层面是省域层面，以省为单位，分析各省区市的生态效率值（因为台湾、香港和澳门与大陆的统计口径不一致，西藏自治区缺少能源消费量数据，所以本书的研究对象为 30 个省区市）。第二层面是地区层面，根据国家统计局2011 年颁布的区域划分办法，将我国经济区域划分为四大区域分别为：（1）东部地区，包括北京市、天津市、河北省、上海市、江苏省、浙江省、福建省、山东省、广东省和海南省共 10 个省市；（2）东北地区，包括辽宁省、吉林省和黑龙江省共 3 个省；（3）中部地区，包括山西省、安徽省、江西省、河南省、湖北省和湖南省共 6 个省；（4）西部地区，包括内蒙古自治区、广西壮族自治区、重庆市、四川省、贵州省、云南省、陕西省、甘肃省、青海省、宁夏回族自治区和新疆维吾尔自治区共 11 个省区市。本书以东部 10 省市、东北 3

省、中部 6 省和西部 11 省区市四个区域为研究对象，分析中国生态
效率的区域差异。研究时间跨度为 2011～2015 年共 5 年。

需要说明的是，区域生态效率的投入和产出大多发生在当年，且
投入和产出滞后效益具有同时性，本书忽略投入和产出效益的时滞
性，默认当年投入获得当年全部产出。

本书选用数据来源于 2012～2016 年《中国能源统计年鉴》《中
国统计年鉴》和《中国环境统计年鉴》和各省区市统计年鉴、国民
经济与社会发展统计公报。

投入指标、产出指标和环境变量的原始数据描述性统计见表 4－4。
投入、产出和环境变量原始数据见附录。

表 4－4　　　投入指标、产出指标和环境变量的描述性统计

	计量单位	最小值	最大值	极差	均值	标准差
GDP 平减 （2011 年平减）	亿元	1670.44	72669.48	70999.04	20925.44	15626.69
化学需氧量	万吨	17.45	215.50	198.05	100.08	46.34
二氧化硫	万吨	4.34	192.26	187.92	84.86	39.14
从业人员数	万人	983.89	7700.47	6716.58	3457.91	1700.19
全社会固定 资产投资 （2011 平减）	亿元	1975.16	41395.02	39419.86	15678.81	7987.52
用水总量	亿立方米	95.30	746.21	650.91	308.63	145.09
能源消费量	万吨	3821.76	39915.70	36093.94	16378.33	8218.27
环境污染治 理投资总额	亿元	21.10	952.50	931.40	274.68	190.76
第二产业 所占比例	%	19.74	59.00	39.26	47.09	8.11
人均民用 汽车拥有量	辆/万人	382.20	2467.15	2084.95	973.46	432.37

4.2 中国省际生态效率静态分析

4.2.1 第一阶段：非期望产出 SBM 分析

运用非导向的规模报酬可变的包含非期望产出的 SBM 模型，利用 MaxDEA Ultra 7 软件，计算得到中国各省区市 2011～2015 年的生态技术效率、生态纯技术效率和生态规模效率，其结果如表 4－5、表 4－6、表 4－7 所示。

表 4－5　　2011～2015 年中国 30 个省区市第一阶段生态技术效率

地区	2011	2012	2013	2014	2015	均值	排序
北京	1.000	1.000	1.000	1.000	1.000	1.000	1
天津	1.000	1.000	1.000	1.000	1.000	1.000	1
河北	0.249	0.252	0.252	0.254	0.257	0.253	19
山西	0.259	0.255	0.254	0.254	0.250	0.254	18
内蒙古	0.273	0.278	0.278	0.274	0.278	0.276	14
辽宁	0.289	0.295	0.298	0.296	0.297	0.295	9
吉林	0.271	0.279	0.280	0.280	0.283	0.279	12
黑龙江	0.241	0.242	0.244	0.241	0.242	0.242	22
上海	1.000	1.000	1.000	1.000	1.000	1.000	1
江苏	0.400	0.412	0.410	0.414	0.423	0.412	6
浙江	0.440	0.449	0.441	0.445	0.450	0.445	5
安徽	0.227	0.230	0.225	0.229	0.229	0.228	24
福建	0.335	0.342	0.344	0.340	0.344	0.341	8
江西	0.252	0.257	0.248	0.248	0.249	0.251	20
山东	0.329	0.336	0.348	0.353	0.356	0.344	7
河南	0.253	0.256	0.260	0.267	0.266	0.260	17
湖北	0.251	0.256	0.267	0.270	0.275	0.264	15

续表

地区	2011	2012	2013	2014	2015	均值	排序
湖南	0.250	0.257	0.266	0.269	0.274	0.263	16
广东	0.509	0.515	0.518	0.510	0.512	0.513	4
广西	0.230	0.236	0.235	0.235	0.236	0.234	23
海南	0.288	0.284	0.278	0.271	0.265	0.277	13
重庆	0.263	0.275	0.291	0.297	0.306	0.286	11
四川	0.234	0.240	0.246	0.248	0.248	0.243	21
贵州	0.167	0.171	0.178	0.180	0.183	0.176	28
云南	0.195	0.197	0.202	0.201	0.206	0.200	25
陕西	0.279	0.285	0.289	0.292	0.292	0.288	10
甘肃	0.168	0.172	0.171	0.172	0.174	0.171	30
青海	0.174	0.180	0.180	0.183	0.182	0.180	27
宁夏	0.173	0.177	0.176	0.177	0.176	0.176	28
新疆	0.195	0.186	0.179	0.182	0.181	0.185	26
平均值	0.340	0.344	0.345	0.346	0.348	0.345	

表 4 - 6　　2011～2015 年中国 30 个省区市第一阶段生态纯技术效率

地区	2011	2012	2013	2014	2015	均值	排序
北京	1.000	1.000	1.000	1.000	1.000	1.000	1
天津	1.000	1.000	1.000	1.000	1.000	1.000	1
河北	0.362	0.365	0.365	0.362	0.365	0.364	14
山西	0.309	0.298	0.297	0.299	0.300	0.301	21
内蒙古	0.286	0.287	0.286	0.281	0.285	0.285	24
辽宁	0.404	0.411	0.415	0.405	0.390	0.405	11
吉林	0.325	0.329	0.330	0.333	0.338	0.331	16
黑龙江	0.260	0.260	0.262	0.262	0.265	0.262	26
上海	1.000	1.000	1.000	1.000	1.000	1.000	1
江苏	1.000	1.000	1.000	1.000	1.000	1.000	1
浙江	1.000	1.000	1.000	1.000	1.000	1.000	1
安徽	0.231	0.232	0.226	0.234	0.236	0.232	30

续表

地区	2011	2012	2013	2014	2015	均值	排序
福建	0.363	0.382	0.395	0.399	0.409	0.390	13
江西	0.280	0.284	0.272	0.272	0.272	0.276	25
山东	1.000	1.000	1.000	1.000	1.000	1.000	1
河南	0.382	0.382	0.387	0.409	0.404	0.393	12
湖北	0.295	0.304	0.322	0.332	0.339	0.318	17
湖南	0.288	0.301	0.315	0.324	0.331	0.312	19
广东	1.000	1.000	1.000	1.000	1.000	1.000	1
广西	0.255	0.260	0.258	0.257	0.259	0.258	27
海南	1.000	1.000	1.000	1.000	1.000	1.000	1
重庆	0.335	0.341	0.356	0.359	0.364	0.351	15
四川	0.293	0.305	0.317	0.323	0.319	0.311	20
贵州	0.280	0.278	0.292	0.289	0.292	0.286	23
云南	0.251	0.250	0.252	0.253	0.258	0.253	29
陕西	0.316	0.315	0.316	0.316	0.316	0.316	18
甘肃	0.292	0.296	0.294	0.300	0.305	0.298	22
青海	1.000	1.000	1.000	1.000	1.000	1.000	1
宁夏	0.561	0.562	0.567	0.569	0.572	0.566	2
新疆	0.272	0.264	0.253	0.250	0.249	0.258	27
平均值	0.521	0.523	0.526	0.528	0.529	0.525	

表 4 – 7　2011~2015 年中国 30 个省区市第一阶段生态规模效率

地区	2011	2012	2013	2014	2015	均值	排序	2015 年 RTS
北京	1.000	1.000	1.000	1.000	1.000	1.000	1	Constant
天津	1.000	1.000	1.000	1.000	1.000	1.000	1	Constant
河北	0.686	0.692	0.692	0.700	0.706	0.695	20	Decreasing
山西	0.838	0.857	0.856	0.849	0.831	0.846	11	Increasing
内蒙古	0.957	0.970	0.972	0.974	0.976	0.970	5	Increasing
辽宁	0.716	0.718	0.718	0.730	0.762	0.729	18	Decreasing
吉林	0.834	0.848	0.849	0.841	0.838	0.842	13	Increasing

续表

地区	2011	2012	2013	2014	2015	均值	排序	2015 年 RTS
黑龙江	0.925	0.930	0.929	0.921	0.915	0.924	6	Increasing
上海	1.000	1.000	1.000	1.000	1.000	1.000	1	Constant
江苏	0.400	0.412	0.410	0.414	0.423	0.412	26	Decreasing
浙江	0.440	0.449	0.441	0.445	0.450	0.445	25	Decreasing
安徽	0.982	0.993	0.996	0.981	0.969	0.984	4	Decreasing
福建	0.922	0.896	0.871	0.851	0.840	0.876	10	Decreasing
江西	0.899	0.906	0.910	0.912	0.916	0.909	9	Increasing
山东	0.329	0.336	0.348	0.353	0.356	0.344	27	Decreasing
河南	0.661	0.671	0.671	0.652	0.660	0.663	21	Decreasing
湖北	0.854	0.842	0.828	0.815	0.810	0.830	14	Decreasing
湖南	0.865	0.853	0.842	0.831	0.827	0.844	12	Decreasing
广东	0.509	0.515	0.518	0.510	0.512	0.513	24	Decreasing
广西	0.902	0.909	0.913	0.912	0.913	0.910	8	Increasing
海南	0.288	0.284	0.278	0.271	0.265	0.277	29	Increasing
重庆	0.785	0.807	0.817	0.829	0.841	0.816	15	Increasing
四川	0.798	0.786	0.774	0.768	0.776	0.780	17	Decreasing
贵州	0.596	0.615	0.611	0.623	0.627	0.614	22	Increasing
云南	0.777	0.789	0.801	0.796	0.799	0.792	16	Increasing
陕西	0.883	0.906	0.914	0.925	0.927	0.911	7	Increasing
甘肃	0.575	0.581	0.581	0.573	0.572	0.576	23	Increasing
青海	0.174	0.180	0.180	0.183	0.182	0.180	30	Increasing
宁夏	0.308	0.315	0.311	0.311	0.308	0.311	28	Increasing
新疆	0.717	0.702	0.706	0.729	0.728	0.716	19	Increasing
平均值	0.721	0.725	0.725	0.723	0.724	0.724		

需要说明的是，生态技术效率和生态纯技术效率都代表着生态效率的结果，生态技术效率表示的是基于规模报酬不变假设下的结果，是对决策单元的资源配置能力、资源使用效率等多方面能力的综合衡量与评价，若求得的某个 DMU 的技术效率值等于 1，代表该 DMU 位于有效生产前沿面上，处于技术有效状态，表示该 DMU 以有效率的

方式生产。若技术效率值小于代表该 DMU 脱离有效生产前沿面上,因而可以通过在保持产出水平不变的情况下,减少相关的各项投入指标来进行优化;可称其为技术无效率,存在着技术效率的损失。生态纯技术效率表示的是规模报酬可变假设下的结果,是决策单元由于管理和技术等因素影响的生产效率。它代表当前样本点生产与规模报酬变动的生产前沿之间的技术水平运用的差距。可以理解为除了规模经济性和投入要素配置过程中的可处置性以外的相对效率水平,反映的是由于价格机制、经营管理水平和技术水平不同所造成的非规模经济性和要素可处置性的效率差距。规模效率反映生产规模的有效程度,即规模效率反映了各决策单元是否在最合适的投资规模下进行经营。即衡量规模报酬不变的生产前沿与规模报酬变动的生产前沿之间的距离,衡量决策单元是否处于最佳规模状态。最佳规模的经济学意义,也就是所谓最适规模,是指生产单元处于平均成本曲线最低点时的生产状态。当规模效率值等于 1 时,表示该省份具有规模效率;若规模效率值小于 1,则表示规模无效率。规模无效率既有可能处于规模报酬递增的情形,也有可能处于规模报酬递减的情形,需要进一步进行分析。

分析结果显示,在不考虑外部环境变量和统计噪声的情况下,2011～2015 年,全国生态技术效率一直处于较低水平,并呈现微弱上升的趋势,从 2011 年的 0.340 上升到 2015 年的 0.348。另外,省域间生态效率的差距在此期间虽有波动,但总体上来看并没有缩小的趋势,省域间生态效率的极差均保持在一个比较高的水平。2011～2015 年的年均生态效率达到 1 的有北京、天津和上海 3 个市,说明这三个市的资源和环境的投入和产出相对比较合理,即它们的生态效率水平达到了有效生产前沿面状态,为生态效率技术有效;占全部样本的 10%。并且这 3 个市都处于东部地区,而东北、中部和西部没有一个地区生态效率是有效的。生态效率最低的五个省区分别是新疆、青海、贵州、宁夏和甘肃,五个省区历年的生态效率值均小于

0.2，且无明显的上升趋势，这五个省区都属于西部地区，相对于中东部地区，西部地区的经济发展水平较低，该地区经济的增长更多的是依赖于对资源环境的过度使用，能源大量消耗，生态环境遭到极大破坏。西部地区如宁夏、甘肃等省区，在追求经济快速增长的同时，忽略了环境问题，导致高能耗、高污染，生态效率难以提高。

2011～2015 年生态纯技术效率达到 1 的有北京、天津、上海、江苏、浙江、山东、广东、海南和青海 9 个省市，说明这 9 个省市的管理水平位于生产前沿面。2011～2015 年全国生态纯技术效率整体呈现上升的趋势，从 2011 年的 0.521 上升到 2015 年的 0.529。

2011～2015 年全国的生态规模效率均值为 0.724，北京、天津和上海三个市 2011～2015 年的生态规模效率为 1，属于规模有效，其他 27 个省区市规模效率无效，处于规模报酬递增和规模报酬递减，说明难以发挥规模效率是制约这些地区未能达到有效生产前沿面的主要"瓶颈"，这 27 个省区市应该适当调整规模，以最少的投入获得最大的产出，从而提高各省区市的生态效率。

综上所述，2011～2015 年，生态效率均值为 0.345，生态纯技术下来均值为 0.525，生态规模效率均值为 0.724。由此可见，生态技术效率的低下主要是因为生态纯技术效率的低下造成的，在以后的发展中应提高技术管理水平，从而提高生态纯技术效率。

根据 2011～2015 年 30 个省区市生态技术效率、纯技术效率和规模效率值把 30 个省区市分成三个类别：第一类，技术效率、纯技术效率和规模效率都为 1，北京、天津和上海 3 个市的三项效率值均为 1，处于技术效率前沿面，说明这 3 个市的生态技术效率和规模效率是有效的且规模报酬不变，说明资源和环境的投入和产出相对比较合理；第二类，纯技术效率值为 1，技术效率和规模效率值小于 1，共有江苏、浙江、山东、广东、海南和青海等 6 个省份，说明技术效率的低下是由规模效率造成的，因此其改革的重点在于如何更好地发挥其规模效益；第三类，三项效率值均小于 1，共有河北等 21 个省区市，说明这 21 个省区市资源配置能力、资源使用效率低下，环境投入量存在冗余。在纯技术效率和规模效率方面存在不同程度的可改进空间。总体来看，中国的生态效率值偏低。

由于第一阶段的计算结果结果包含环境因素和随机因素的干扰，并不能反映各省区市的生态效率的真实水平，因此还须做更进一步的调整和测算。

4.2.2 第二阶段：相似 SFA 回归分析

在第一阶段，应用非期望产出 SBM 模型已经计算出每个决策单元的效率值和投入产出变量的松弛变量。因为在第一阶段计算结果中，期望产出的松弛变量为零，所以在第二阶段不需要对期望产出进行 SFA 回归和调整原始产出量。只须对投入和非期望产出的松弛变量进行相似 SFA 回归。将 2011 ~ 2015 年 30 个省区市的投入变量和非期望产出变量的松弛量作为被解释变量，将环境治理投资总额 Z_1（亿元）、第二产业所占比例 Z_2（%）和人均汽车拥有量 Z_3（辆/万人）三个外部环境变量作为解释变量，利用 Frontier 4.1 软件进行相似 SFA 回归分析。在第一阶段计算区域生态效率时采用的是截面数据，即把每年 30 个省区市看作一个生产集。为了消除逐年回归带来的不利影响，在进行 SFA 回归时利用 2011 ~ 2015 年 5 年的数据进行回归，结果见表 4 - 8。三个外部环境变量对四个投入松弛变量和两个非期望产出变量的回归系数大部分能在 10% 显著性水平上通过检验，说明外部环境变量对各省区市生态效率投入冗余和产出不足存在显著影响。6 个回归模型的 γ 分别为 0.664、0.685、0.732、0.644、0.813 和 0.655，并且都在 1% 的显著性水平上通过检验。说明在投入变量松弛变量的影响中，统计噪声对生态效率有显著影响，因此有必要通过相似 SFA 分析剔除统计噪声对生态效率的影响。五个 SFA 模型的 LR 统计值（LR test of the one – sided error）通过 5% 显著水平的检验（χ^2 分布 5% 显著水平检验值为 7.045），所以拒绝"不存在无效率项的零假设"，说明采用 SFA 模型是合理的。

表 4 – 8　　　　　　　　　　第二阶段 SFA 回归结果

	X_1	X_2	X_3	X_4	Y_1^u	Y_2^u
beta 0	272. 68 *	– 3864. 30 ***	– 8. 52	– 5148. 57 ***	7. 24	8. 66 ***
	(2. 48)	(– 1779. 14)	(– 0. 28)	(– 5148. 60)	(1. 496)	(21. 33)
Z_1	0. 285 ***	0. 89 *	0. 00037	0. 799 ***	0. 0082 *	0. 0077 **
	(21. 12)	(2. 89)	(0. 068)	(9. 16)	(2. 91)	(3. 347)
Z_2	4. 34 *	73. 20 ***	0. 12	87. 07 ***	0. 032 **	0. 117 *
	(2. 765)	(53. 79)	(0. 145)	(34. 35)	(3. 156)	(2. 679)
Z_3	– 0. 773 ***	– 0. 634 ***	– 9. 73E – 05	0. 058 *	– 0. 012	– 0. 0224 **
	(– 37. 94)	(– 10. 17)	(– 0. 005)	(2. 371)	(– 0. 372)	(– 5. 582)
σ^2	1. 98E + 06 ***	2. 51E + 07 ***	3. 21E + 04 ***	4. 86E + 07 ***	2. 36E + 03 ***	2. 87E + 03 ***
	(1. 98E + 06)	(2. 51E + 07)	(3. 20E + 04)	(4. 86E + 07)	(2. 36E + 03)	(2. 57E + 03)
γ	0. 664 ***	0. 685 ***	0. 732 ***	0. 644 ***	0. 813 ***	0. 655 ***
	(1. 60E + 04)	(5. 22E + 04)	(3. 32E + 08)	(2. 03E + 07)	(7. 72E + 05)	(1. 52E + 05)
log likelihood function	– 1208. 56	– 1413. 24	– 874. 15	– 1440. 46	– 709. 48	– 726. 84
LR test of the one – sided error	44. 29	27. 56	94. 43	60. 24	34. 58	31. 86

注：*、**、*** 分别表示在 10%、5%、1% 的水平上显著；括号中数值为检验的 t 值。

　　进一步分析各外部环境变量对四个投入和两个非期望产出松弛变量的回归系数，由式（3 – 19）可知，因为外部环境变量是对松弛变量的回归，所以当回归系数为负时，表示增加外部环境变量值有利于减少投入松弛量和非期望产出，即有利于减少各投入变量的浪费或降低负产出；反之，当回归系数为正时，则表示增加外部环境变量将会增加投入松弛量和非期望产出松弛量，从而导致各投入变量的浪费或增加负产出。具体分析如下所述。

（1）环境治理投资总额 Z_1（亿元）。

环境治理投资总额对五个投入变量的松弛变量的系数均为正。但是环境治理投资总额对用水总量 X_3 的回归系数没有通过显著性水平检验，说明环境投资总额对用水总量 X_3 的影响不显著。环境治理投资总额对从业人员数 X_1、全社会固定投资 X_2、能源消耗总量 X_4、化学需氧量 Y_1'' 和二氧化硫排放量 Y_2'' 的回归系数为正值，并且通过 10%、5% 或 1% 显著性水平检验，说明增加环境治理投资总额，从业人员数 X_1、全社会固定投资 X_2 和能源消耗总量 X_4 三个投入变量会增加，化学需氧量 Y_1'' 和二氧化硫排放量 Y_2'' 两个非期望产出变量同样会增加，生态效率降低。这一结论与理论预期刚好相反，但这也恰好反映了中国的环境治理投资并没有对生态效率的提高起到应有的作用。从业人员数、全社会固定投资、能源消耗量、化学需氧量和二氧化硫排放量没有随着环境治理投资的增加而降低。所以应该注意环境治理投资的有效配置，有效发挥环境投资总额的作用。

（2）第二产业所占比例 Z_2（%）。

除了对用水总量 X_3 的回归系数没有通过显著性水平检验外，第二产业所占比例 Z_2 对其他三个投入变量和两个非期望产出变量的松弛变量的回归系数均为正，且在 10%、5% 或 1% 显著性水平上显著，这说明当第二产业占经济总量比例提高时，从业人员数 X_1、全社会固定投资 X_2 和能源消耗总量 X_4 三个投入变量会增加，化学需氧量 Y_1'' 和二氧化硫排放量 Y_2'' 两个非期望产出变量的产出也会增加，造成投入冗余和非期望产出增加，从而会降低生态效率；这与理论预期是吻合的，第二产业都是近年来中国致力于产业结构调整，大力发展第三产业，其作用之一是保护生态环境及降低能耗。

（3）人均民用汽车拥有量 Z_3（辆/万人）。

人均民用汽车拥有量对用水总量 X_3 和化学需氧量 Y_1'' 的 SFA 回归没有通过显著性水平检验，没有统计意义。对其他投入变量和非期望产出变量的回归系数在 10% 、5% 或 1% 显著性水平上显著。人均民用汽车拥有量对能源消耗总量 X_4 的回归系数为正值，说明能源消耗总量会随着人均民用汽车拥有量的增加而提高，人均汽车拥有量增加势必会增加能源消耗量。而人均汽车拥有量对从业人员数 X_1 、全社会固定投资 X_2 和二氧化硫排放量 Y_2'' 的回归系数为负值，说明当人均民用汽车拥有量增加时，两个投入变量和二氧化硫排放量反而会减小，与理论预期不符。究其原因，人均汽车拥有量反映了一个地区的经济发展水平，经济发展水平越高，能源的利用效率相应地也越高。与薛静静等（2013）的研究结果一致。

由于各环境变量对各省区市的生态效率的影响有差异，可能导致一些面临较好外部环境和运气的地区的生态效率值偏高，而一些面临较差的外部环境和运气的地区的生态效率值偏低。因此，需要应用式（3 - 22）、式（3 - 23）、式（3 - 24）进行调整，使所有地区面临相同的外部环境和运气，进而考察各地区生态效率的真实水平。

4.2.3　第三阶段：调整后非期望产出 DEA 分析

经过第二阶段分离环境变量和随机噪声对生态效率的影响，调整各省区市的投入变量和非期望产出变量，使各省区市面临同样的外部环境水平和运气。然后运用非期望产出 SBM 模型分析中国区域生态效率，就能获得中国的真实生态效率值。计算结果如表 4 - 9、表 4 - 10、表 4 - 11 所示。

表 4 - 9　　2011 ~ 2015 年中国 30 个省区市第三阶段生态技术效率

地区	2011 年	2012 年	2013 年	2014 年	2015 年	均值	排序
北京	1.000	1.000	1.000	1.000	1.000	1.000	1
天津	1.000	1.000	1.000	1.000	1.000	1.000	1
河北	0.401	0.392	0.405	0.390	0.391	0.396	14

续表

地区	2011 年	2012 年	2013 年	2014 年	2015 年	均值	排序
山西	0.433	0.387	0.399	0.378	0.360	0.391	15
内蒙古	0.359	0.354	0.367	0.362	0.359	0.360	20
辽宁	0.476	0.462	0.489	0.462	0.450	0.468	9
吉林	0.390	0.385	0.400	0.391	0.391	0.391	15
黑龙江	0.317	0.309	0.319	0.314	0.312	0.314	23
上海	1.000	1.000	1.000	1.000	1.000	1.000	1
江苏	1.000	1.000	1.000	1.000	1.000	1.000	1
浙江	1.000	1.000	0.938	1.000	0.920	0.972	6
安徽	0.353	0.351	0.356	0.355	0.351	0.353	21
福建	0.546	0.548	0.580	0.527	0.554	0.551	8
江西	0.390	0.390	0.378	0.366	0.366	0.378	18
山东	0.627	0.618	0.673	0.642	0.635	0.639	7
河南	0.418	0.406	0.426	0.427	0.419	0.419	12
湖北	0.384	0.381	0.412	0.410	0.414	0.400	13
湖南	0.367	0.370	0.395	0.393	0.398	0.385	17
广东	1.000	1.000	1.000	1.000	1.000	1.000	1
广西	0.317	0.319	0.330	0.324	0.327	0.324	22
海南	0.205	0.201	0.210	0.204	0.202	0.204	27
重庆	0.426	0.435	0.478	0.476	0.487	0.461	10
四川	0.368	0.364	0.388	0.378	0.371	0.374	19
贵州	0.208	0.210	0.230	0.226	0.229	0.221	25
云南	0.258	0.256	0.272	0.264	0.269	0.264	24
陕西	0.457	0.447	0.469	0.455	0.447	0.455	11
甘肃	0.211	0.212	0.218	0.217	0.218	0.215	26
青海	0.200	0.205	0.208	0.207	0.203	0.204	27
宁夏	0.150	0.152	0.154	0.155	0.153	0.153	30
新疆	0.208	0.200	0.194	0.197	0.195	0.199	29
平均值	0.482	0.478	0.490	0.484	0.481	0.483	

表 4 – 10　　　2011 ~ 2015 年中国 30 个省区市第三阶段生态纯技术效率

地区	2011 年	2012 年	2013 年	2014 年	2015 年	均值	排序
北京	1.000	1.000	1.000	1.000	1.000	1.000	1
天津	1.000	1.000	1.000	1.000	1.000	1.000	1
河北	0.435	0.429	0.437	0.427	0.427	0.431	19
山西	0.504	0.461	0.470	0.452	0.440	0.465	17
内蒙古	0.393	0.384	0.397	0.390	0.387	0.390	22
辽宁	0.513	0.505	0.532	0.490	0.471	0.503	15
吉林	0.491	0.480	0.500	0.492	0.515	0.495	16
黑龙江	0.367	0.357	0.369	0.367	0.368	0.366	27
上海	1.000	1.000	1.000	1.000	1.000	1.000	1
江苏	1.000	1.000	1.000	1.000	1.000	1.000	1
浙江	1.000	1.000	1.000	1.000	1.000	1.000	1
安徽	0.383	0.375	0.379	0.375	0.369	0.376	26
福建	1.000	1.000	1.000	0.528	0.592	0.824	10
江西	1.000	1.000	1.000	0.554	0.518	0.814	11
山东	1.000	1.000	1.000	1.000	1.000	1.000	1
河南	0.457	0.447	0.461	0.477	0.467	0.462	18
湖北	0.387	0.387	0.420	0.422	0.427	0.408	20
湖南	0.369	0.375	0.401	0.402	0.408	0.391	21
广东	1.000	1.000	1.000	1.000	1.000	1.000	1
广西	0.381	0.381	0.393	0.386	0.391	0.386	24
海南	1.000	1.000	1.000	1.000	1.000	1.000	1
重庆	0.554	0.556	0.629	0.595	0.615	0.590	12
四川	0.377	0.378	0.401	0.396	0.389	0.388	23
贵州	0.343	0.340	0.367	0.360	0.364	0.355	28
云南	0.342	0.335	0.351	0.343	0.351	0.344	29
陕西	0.529	0.509	0.531	0.511	0.504	0.517	13
甘肃	0.381	0.381	0.389	0.386	0.393	0.386	24
青海	1.000	1.000	1.000	1.000	1.000	1.000	1
宁夏	0.501	0.505	0.513	0.517	0.523	0.512	14
新疆	0.321	0.305	0.293	0.292	0.289	0.300	30
平均值	0.634	0.630	0.641	0.605	0.607	0.623	

表 4 – 11   2011 ~ 2015 年中国 30 个省区市第三阶段生态规模效率

地区	2011 年	2012 年	2013 年	2014 年	2015 年	均值	排序	2015 年 RTS
北京	1.000	1.000	1.000	1.000	1.000	1.000	1	Constant
天津	1.000	1.000	1.000	1.000	1.000	1.000	1	Constant
河北	0.921	0.913	0.925	0.915	0.915	0.918	13	Decreasing
山西	0.860	0.839	0.850	0.836	0.817	0.840	17	Increasing
内蒙古	0.913	0.922	0.926	0.928	0.928	0.923	12	Increasing
辽宁	0.927	0.915	0.919	0.942	0.955	0.932	11	Decreasing
吉林	0.794	0.802	0.800	0.794	0.759	0.790	19	Increasing
黑龙江	0.862	0.866	0.863	0.857	0.848	0.859	16	Increasing
上海	1.000	1.000	1.000	1.000	1.000	1.000	1	Constant
江苏	1.000	1.000	1.000	1.000	1.000	1.000	1	Constant
浙江	1.000	1.000	0.938	1.000	0.920	0.972	8	Decreasing
安徽	0.923	0.935	0.941	0.947	0.952	0.940	10	Increasing
福建	0.546	0.548	0.580	0.999	0.937	0.722	22	Increasing
江西	0.390	0.390	0.378	0.660	0.708	0.505	27	Increasing
山东	0.627	0.618	0.673	0.642	0.635	0.639	24	Decreasing
河南	0.915	0.907	0.925	0.896	0.897	0.908	14	Decreasing
湖北	0.994	0.984	0.982	0.973	0.969	0.980	7	Decreasing
湖南	0.994	0.986	0.985	0.978	0.975	0.984	6	Decreasing
广东	1.000	1.000	1.000	1.000	1.000	1.000	1	Constant
广西	0.833	0.838	0.840	0.841	0.837	0.838	18	Increasing
海南	0.205	0.201	0.210	0.204	0.202	0.204	29	Increasing
重庆	0.769	0.783	0.761	0.800	0.792	0.781	20	Increasing
四川	0.976	0.963	0.966	0.954	0.955	0.963	9	Decreasing
贵州	0.606	0.616	0.627	0.629	0.629	0.621	25	Increasing
云南	0.756	0.765	0.774	0.770	0.766	0.766	21	Increasing
陕西	0.864	0.878	0.884	0.889	0.888	0.881	15	Increasing
甘肃	0.556	0.558	0.560	0.561	0.555	0.558	26	Increasing
青海	0.200	0.205	0.208	0.207	0.203	0.204	29	Increasing
宁夏	0.300	0.302	0.301	0.300	0.293	0.299	28	Increasing
新疆	0.648	0.654	0.661	0.676	0.674	0.662	23	Increasing
平均值	0.779	0.780	0.782	0.807	0.800	0.790		

　　分析结果显示，在剔除外部环境变量和统计噪声的情况下，2011~2015年，全国有北京、天津、上海、江苏和广东5个省市的生态综合技术效率为1，生态效率最低的5个省区分别是甘肃、海南、青海、新疆和宁夏，5个省区历年的生态效率值均小于0.3，且无明显的上升趋势，这5个省区除海南属于东部地区外，其他4个省区都属于西部地区，说明这些省区资源配置能力、资源使用效率低下，环境投入量存在严重冗余。2011~2015年，全国生态综合技术效率呈现上下波动趋势，但总体变化幅度不大，生态效率分别为0.482、0.478、0.490、0.484、0.481。

　　2011~2015第三阶段年均生态纯技术效率达到1的有北京、天津、上海、江苏、浙江、山东、广东、海南和青海9个省市，说明这9个省市的生态纯技术效率位于生产前沿面。生态效率最低的5个省区分别是安徽、黑龙江、贵州、云南和新疆，5个省区的生态效率均值分别为0.369、0.368、0.364、0.351、0.289，说明这些省区的管理和技术水平偏低。2011~2015年全国生态纯技术效率整体呈现先升后降的趋势，2013年生态纯技术效率最高，达到0.641；2014年的纯技术效率为0.605，处于最低水平。

　　2011~2015年全国的生态规模效率均值为0.790，北京、天津、上海、江苏和广东5省市2011~2015年的生态规模效率为1，属于规模有效，其他25个省区市规模效率无效，处于规模报酬递增或规模报酬递减，说明这25个省区市应该适当调整规模，以最少的投入获得最大的产出，从而提高各省区市的生态效率。

　　对比表4-5、表4-6、表4-7和表4-9、表4-10、表4-11，第三阶段与第一阶段生态效率值有着较为明显的变化。经过剔除外部环境变量和统计噪声的影响后，相对于第一阶段生态技术效率，中国30个省区市的2011~2015年第三阶段生态技术效率均值率有大幅度的提高，例如，2011年第一阶段生态技术效率均值为0.340，在经过第二阶段调整后，第三阶段生态技术效率均值为0.482。2011~2015

年中国第一阶段生态技术效率均值为 0.345，第三阶段生态技术效率均值为 0.483，说明第一阶段的低效率是由外部环境和统计噪声造成的。

生态纯技术效率呈现与生态技术效率相同的变化趋势，2011～2015 年，第一阶段生态纯技术效率均值为 0.525，第三阶段生态纯技术效率相比第一阶段有所提高，达到 0.623，说明在第一阶段低估了生态纯技术效率。

第三阶段生态规模效率 2011～2015 年均值同样高于第一阶段生态规模效率。第一阶段生态规模效率均值为 0.724，第三阶段生态规模效率值上升到 0.790。

中国区域生态效率在剔除环境因素和统计噪声后，生态技术效率、纯技术效率和规模效益都发生了一定程度的变化，说明有必要运用相似 SFA 回归进行第二阶段的调整。

进一步对比表 4 - 5、表 4 - 6、表 4 - 7 和表 4 - 9、表 4 - 10、表 4 - 11 可知，剔除环境变量和随机因素的影响后，处于技术效率前沿面的省市由 3 个上升到 5 个，其中北京、天津和上海一直处于技术效率前沿面，说明这三个市的生态效率确实较好。相比第一阶段，江苏和广东升至效率前沿，表明江苏和广东两个省份在剔除环境因素和统计噪声后的生态效率是高效的，其之前的低效率并不能真实反映其技术管理水平。从其他省区市的生态效率排名变化来看，内蒙古等 9 个省区市的综合技术效率有所下降，其中海南下降幅度最大，排名由 13 位下降到 27 位，下降幅度达 14 位，表明它们之前的高效率与它们所处的有利环境和好运密切相关，它们的技术管理水平并没有看上去那么高。第三阶段区域生态效率相比第一阶段上升的省区市共有 14 个，这一现象说明这些地区之前较低的技术效率确实是由于比较不利的环境或不好的运气所致，而非它们的技术管理水平低。

相对于第一阶段，第三阶段生态纯技术效率有效的省区市没有发生变化，但其他无效省区市的排名发生了变化，其中河北等 11 个省区市的排名有所下降，说明在第一阶段其生态纯技术效率偏高是由于环境因素和统计噪声造成的。

在第三阶段，北京、天津、上海、江苏和广东生态规模效率值有效，属于规模收益不变。而在第一阶段，北京、天津和上海三个市生态规模效率有效。由此可知，经过第二阶段调整后，江苏和广东生态规模效率升至前沿面，说明在第一阶段江苏和广东规模效率无效是由于环境因素和统计噪声造成的。

以 2015 年数据来分析各省区市生态规模效率收益的变化，第一阶段生态效率规模收益递增的有 15 个，规模收益递减的有 12 个，规模收益不变的有 3 个，说明只有三个省市的生态效率的规模是处于最佳规模状态。而在剔除外部环境变量和统计噪声的影响后，第三阶段生态效率的规模收益递增的有 17 个，规模收益递减的有 8 个，规模收益不变的有 5 个。规模报酬递增或递减代表可以通过扩大或减小生产规模来提高生态效率值，规模报酬不变代表决策单元的生产规模处于最佳生产规模。江苏和广东在第一阶段是规模报酬递减，在第三阶段是规模报酬不变。安徽和福建由第一阶段的规模报酬递减变为规模报酬递增。说明在不考虑环境因素和统计噪声的情况下，第一阶段的计算结果不能真正反映决策单元的规模报酬收益。规模报酬递增和递减的省区市，说明其经济发展规模不合理，应根据具体情况调整发展规模。

以 0.8 的效率值为临界点可将中国区域生态效率分为四种类型，其空间折射图如图 4 - 1 所示。由图 4 - 1 可知，第一种类型为"双高型"，即纯技术效率及规模效率均在 0.8 以上的省区市，包括北京、天津、上海、江苏、浙江和广东 6 个省市，这类省市生态纯技术效率和生态规模效率都比较高，生态效率所需改进较少。第二种类型为纯技术效率较高但规模效率较低的"高低型"，包括福建、江西、山东、海南和青海 5 个省，其纯技术效率大于 0.8 但规模效

率在 0.8 以下，特别是青海和海南，其规模效率仅为 0.204，生态
效率着重改进的方向为规模效率，后续发展的重点是提高规模有效
性，实现资源的集中配置。第三种类型为纯技术效率在 0.8 以下但
规模效率在 0.8 以上的"低高型"，包括河北、山西、内蒙古、辽
宁、黑龙江、安徽、河南、湖南、湖北、广西、四川和陕西 12 个
省区，这一类省区市在后续发展中要着重进行纯技术效率的改进，
即在生产经营活动中应该提高技术管理水平。第四种类型为"双低
型"，包括吉林、重庆、贵州、云南、甘肃、宁夏和新疆 7 个省区
市，这类省区市生态技术效率和规模效率都有较大的提升空间，在
今后的发展中，一方面要注重管理水平的提高，另一方面要促进生
产规模的扩大。

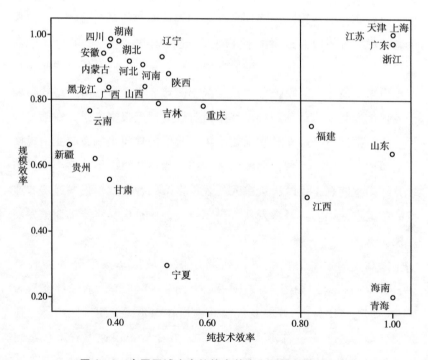

图 4 - 1   中国区域生态纯技术效率和规模效率的分布

4.3　中国省际区域生态效率差异性分析

4.3.1　全国层面数据分析

以包含非期望产出的三阶段 DEA 计算结果分析 2011～2015 年四个区域的生态效率的发展趋势，区域划分见 4.1 节相关内容，计算结果见表 4－12。

表 4－12　　　　　2011～2015 年中国区域生态效率

地区	技术效率	纯技术效率	规模效率
东部	0.776	0.926	0.845
东北	0.391	0.454	0.860
中部	0.388	0.486	0.860
西部	0.294	0.470	0.682
平均值	0.462	0.584	0.812

从表 4－12 和图 4－2 可以看出，我国四大区域间生态效率水平存在很大的差异，东部、东北部、中部、西部四大区域分布极不平衡，呈现出东高西低逐步减弱的格局。全国生态效率平均水平为 0.462，东部各省域生态效率平均值最高，为 0.776，高于全国平均水平；东北、中部次之，分别为 0.391、0.388；西部各省域生态效率平均水平最低，仅有 0.294，远低于全国平均水平。东部 10 省市除河北和海南外，其生态效率水平均位列全国前十佳；西部 11 个省区市生态效率水平普遍偏低，西部生态效率水平最高的重庆，其效率值也仅有 0.461，低于全国平均水平，生态效率最低的宁夏，其效率值为 0.153，也是全国的最低水平，说明西部地区的经济发展与资源环境的协调性不高。

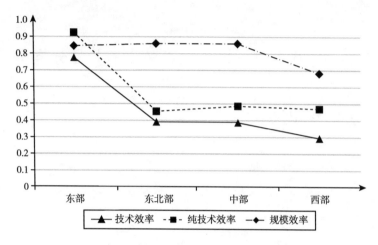

图 4 - 2　四大区域生态效率的分布

　　生态纯技术效率地区差异和生态效率表现相似，也呈现东高西低的趋势。东部生态纯技术效率均值为 0.926，远远高于全国平均水平 0.584；中部和西部相差不大，分别是 0.486 和 0.470，与生态效率地区分布不同的是东北地区的生态纯技术效率最低，为 0.454。

　　除西部地区外，生态规模效率的地区差异并不明显，东部地区为 0.845，低于东北和中部地区，其原因是东部地区的海南其生态规模效率仅为 0.204，拉低了东部地区的生态规模效率。西部地区生态规模效率依然是处于全国最低水平，仅为 0.682。

4.3.2　四大区域数据分析

（1）东部地区生态效率分析。

　　图 4 - 3 是 2011～2015 年东部 10 省市年均生态效率水平对比分析。从表 4 - 9 和图 4 - 3 可以看出，东部 10 省市的生态效率水平区域内差异显著，也大致可以分为三个梯队：生态效率水平处于领先地位的是北京、天津、上海、江苏和广东，属于第一梯队。这五个省市的生态效率值都为 1，属于生态效率有效，比同时期东部生态效率水

平最低的海南的 4 倍还多；紧接其后的分别为浙江、山东和福建等沿海发达省，这 3 个省生态效率水平位于第二梯队；而河北、海南在东部地区生态效率水平最低，海南的生态效率值仅为 0.204，位于第三梯队。

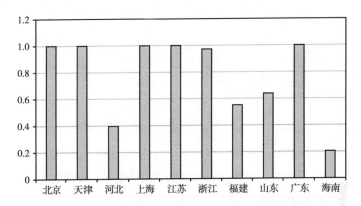

图 4 - 3　2011～2015 年东部 10 省域生态效率水平柱状图

（2）东北地区生态效率分析。

从表 4 - 9 可以看出，东北三省的生态效率水平低于东部沿海各省，东北三省生态效率总体水平不高，低于全国平均水平。

图 4 - 4 是 2011～2015 年东北三省生态效率水平折线图。从图 4 - 4

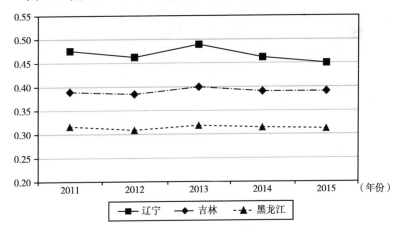

图 4 - 4　2011～2015 年东北三省生态效率水平折线图

可以看出，东北三省中辽宁生态效率水平最高，2015 年辽宁生态效率评价值为 0.450；其次是吉林，2015 年的生态效率值为0.391；生态效率评价值最低的是黑龙江，2015 年的生态效率值仅有 0.314。从发展趋势来看，东北三省的生态效率水平均上升趋势缓慢，辽宁甚至出现降低的趋势，黑龙江和吉林生态效率水平变化趋势较小。

（3）中部地区生态效率分析。

从表 4 - 9 可以看出，中部 6 省生态效率水平与东部地区相比存在一定的差距，中部 6 省中多数地区生态效率水平在全国范围内偏低，低于全国平均水平。

图 4 - 5 为 2011 ~ 2015 年中部 6 省的生态效率水平对比柱状图。从图 4 - 5 可以看出，就中部 6 省的内部比较而言，各省域生态效率水平差异（除安徽外）不大。中部地区河南、湖南、湖北、安徽、江西这 5 个省的生态效率水平差异不大，其中，河南生态效率水平在中部 6 省最高。安徽生态效率水平是中部 6 省中最低的，显著低于中部其他 5 个省，2013 年生态效率水平最高也仅有 0.353。

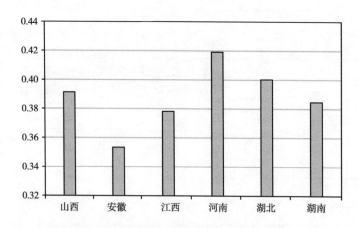

图 4 - 5　2011 ~ 2015 年中部 6 省生态效率水平柱状图

（4）西部地区生态效率分析。

图 4 - 6 为 2011 ~ 2015 年西部 11 个省区市的生态效率水平柱状图。

从图 4 - 6 可以看出，西部 11 个省区市的生态效率水平非常低，与东部地区相比也存在非常大的差异。东部各省市生态效率平均值为 0.776，而西部 11 个省区市的平均值却只有 0.294，不到东部平均值的 1/2。

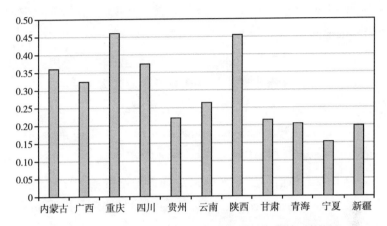

图 4 - 6 2011 ~ 2015 年西部 11 个省区市中生态效率水平柱状图

从图 4 - 6 还可以看出，2011 ~ 2015 年西部 11 个省区市中生态效率水平差异不大，重庆在西部 11 个省区市中生态效率水平最高，效率值为 0.461，宁夏则最低，效率值仅为 0.153。从发展趋势来看，重庆生态效率水平呈逐年递增趋势，从 2011 年 0.426 增长到 2015 年 0.487；内蒙古、广西、四川、贵州、云南、陕西、甘肃、青海和宁夏 9 个省区生态效率水平在 2011 ~ 2015 年变化不大。而新疆 2011 ~ 2015 年生态效率值呈现下降趋势，从 2011 年 0.208 下降到 2015 年 0.195。

4.4 中国省际区域生态效率的 Malmquist – Luenberger 分析

4.4.1 Malmquist – luenberger 指数

Malmquist 指数最初是由瑞典经济学家 Malmquist Sten 在 1953 年

提出的。Malmquist 首先提出缩放因子概念，然后利用缩放因子之比构造消费数量指数，即最初的 Malmquist 指数。缩放因子表示给定消费组合为了达到某一无差异曲面，所需要的缩放倍数。显然，缩放因子和 Shephard（1953）在生产分析中所提出的距离函数是对应的。

受 Malmquist 消费指数启发，Caves，Christensen 和 Diewert 等（以下简称 CCD）于 1982 年将这种思想运用到生产分析中，通过距离函数之比构造生产率指数，并将这种指数命名为 Malmquist 生产率指数（此后统称的 Malmquist 生产率指数即 Malmquist 指数）。CCD 证明，在一定的条件下，Malmquist 指数的几何平均和 Tornqvist 指数是等价的。当然由于 CCD 并没有提供测度距离函数的方法，因此 Malmquist 指数在他们那里更多的只是一种理论指数。与此相似，构成 CCD 模型基础的距离函数，虽然早在 1953 年就被 Shephard 提出，并且 Farrell 也在 1957 年提出了相似的技术效率概念，但同样由于没有找到合适的度量方法，因此在很长时间内都没能引起学术界的注意。直到 1978 年 Charnes，Cooper 和 Rhodes 提出数据包络分析方法（DEA），通过线性规划方法来测度技术效率以后，距离函数（技术效率）概念才得到了迅速的发展和广泛应用，成为生产分析中的一种重要方法。

基于传统距离函数（distance function）的 Malmquist（M）生产率指数虽然不需要价格信息，但是却无法计算考虑"坏"产出（如 SO_2 排放）存在下的全要素生产率。在测度瑞典纸浆厂的全要素生产率时，Chung 等（1997）在介绍一种新函数——方向性距离函数（directional distance function）的基础上，提出了 Malmquist – Luenberger（ML）生产率指数，这个指数可以测度存在"坏"产出时的全要素生产率。

近年来，一些学者已经尝试运用 Malmquist – Luenberger 生产率指数测算中国整体经济以及工业经济的资源环境约束下的全要素生产率。

由于资源和环境的价格无法获取，传统的全要素生产率核算手段无法对其进行直接处理。如何合理地将资源和环境因素整合到全要素生产率的分析框架中一直以来都被学术界广为关注。现有文献对资源的处理方法较为一致，通常将资源看作一种新的投入要素和土地、资本、劳动等常规投入要素一并作为经济增长的源泉。关于环境污染在生产率分析中的处理有些复杂，现有文献中主要有两种处理方法：第一种是将环境污染作为有害投入要素，与土地、资本、资源等一同引入生产函数。但在特定的生产过程中，环境污染与资源投入并不总能保持一定的同比例关系，因而将环境污染作为投入要素不能反映实际的生产过程，其度量的生产率值也只能作为一种参考；第二种方法是将环境污染作为一种"坏"产出（bad output），与"好"产出（good output，如 GDP）一起引入生产过程，利用 DEA 模型来对其进行分析。这种方法通过设定"好"产出增加、"坏"产出减少的方向，将生产率分析和环境污染纳入一个统一的框架中，同时由于其并不需要环境污染的价格数据，在实际中得到了广泛的应用。本书采取将环境污染作为"坏"产出的第二种处理方法。

为了将资源和环境污染纳入生产率的分析框架中来，需要构建一个既包括"好"产出又包括"坏"产出的生产可能性集，即环境技术。假设每一个决策单元有 N 个投入 $X = (x_1, \cdots, x_N) \in R + N$，生产出 M 个"好"产出 $Y = (y_1, \cdots, y_M) \in R + M$ 和 I 种"坏"产出 $U = (u_1, \cdots, u_I) \in R + I$，则环境技术可以模型化为：

$$P^t(x^t) = \begin{cases} (y^t, u^t) : \sum_{k=1}^{K} z_k^t x_{kn}^t \leqslant x_n^t, n = 1, 2, \cdots, N; \\ \\ \sum_{k=1}^{K} z_k^t y_{km}^t \geqslant y_m^t, m = 1, 2, \cdots, M; \\ \\ \sum_{k=1}^{K} z_k^t u_{ki}^t \geqslant u_i^t, i = 1, 2, \cdots, I; \\ \\ z_k^t \geqslant 0, k = 1, 2, \cdots, K; \end{cases} \quad (4-1)$$

其中，z_k^t 为生产单位 k = 1，…，K 在构造环境技术结构时各自的权重，z_k^t 的和为 1 表示为可变规模报酬的环境技术，若去掉和为 1 的约束，则表示规模报酬不变。

环境技术表述在既定投入 x 下，最大"好"产出 y 和最小"坏"产出 u 的生产集合。在此基础上，可以通过构造方向性距离函数来计算出每个决策单元的相对效率。传统的全要素生产率指数测算基于 Shephard 距离函数，这个函数将"好"产出和"坏"产出同等对待，要求两者同比例增加，这显然违背了生产率评价的初衷。而方向性距离函数考虑的是在"好"产出增加的同时"坏"产出同比例缩减的可能性大小，因而可以衡量包含非期望产出的生态效率。

非期望产出下的生态效率分析可以用图 4 – 7 来解释。在图 4 – 7 中，假设在生产过程中投入用 X 表示，产出分为两种：其中，期望产出为 Y，用纵轴表示；非期望产出为 B，用横轴表示，产出水平的期望方向为 G = (Y, – B)，即尽量增加 Y 而减少 B。图 4 – 7 中的 Z 折线表示生产前沿，P(X) 表示生产可能性的集合，A 表示某一时刻的产出决策点，假设在投入 X 一定时，A 要想达到生产前沿

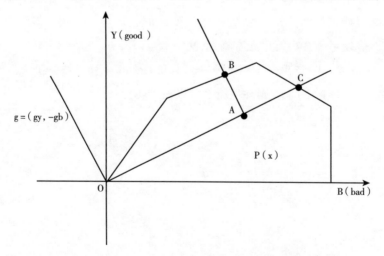

图 4 – 7　Shephard 距离函数和方向性距离函数

曲线上期望产出的某一水平，则 A 可以选择 B 点，也可以选择 C 点，在传统的生产效率研究中我们认为 B、C 两点生产效率是一样的，因为在投入一定的情况下都达到了生产前沿的同一水平，而在考虑非期望产出的情况下，根据产出水平的期望方向，显然 B 更优于 C。

基于产出角度的方向性距离函数的具体形式为：

$$D_0^t(x^{t,k'}, y^{t,k'}, u^{t,k'}; g_y, -g_u) = \sup\{\beta : (y^{t,k'}, u^{t,k'}) + \beta_g \in P^t(x^{t,k'})\}$$

$$(4-2)$$

其中，$(x^{t,k'}, y^{t,k'}, u^{t,k'})$ 为省区市 k 的投入和产出向量；$(g_y, -g_u)$ 为产出扩张的方向向量，方向向量 g 的选取反映了人们对"好"产出和"坏"产出的不同偏好。本书假定方向向量是中性的 $g = (g_y, -g_u)$，即人们对"好"产出和"坏"产出同等对待，两者在现有基础上同比例增减；β 衡量的就是"好"产出 y 增加和"坏"产出 u 缩减的最大可能数量，β 可以通过以下线性规划模型求解：

$$D_0^t(x^{t,k'}, y^{t,k'}, u^{t,k'}; y^{t,k'}, -u^{t,k'}) = \max\beta$$

$$\text{s. t. } \sum_{k=1}^{K} z_k^t x_{kn}^t \leqslant x_{k'n}^t, n = 1, 2, \cdots, N;$$

$$\sum_{k=1}^{K} z_k^t y_{km}^t \geqslant (1+\beta) y_{k'm}^t, m = 1, 2, \cdots, M; \qquad (4-3)$$

$$\sum_{k=1}^{K} z_k^t u_{ki}^t \geqslant (1-\beta) u_{k'i}^t, i = 1, 2, \cdots, I;$$

$$z_k \geqslant 0, k = 1, 2, \cdots, K;$$

引入跨期的动态概念，在方向性距离函数的基础上，可以定义从时期 t 到 t +1 的资源环境约束下的全要素生态生产率指数：

$$ML_t^{t+1} = \left[\frac{(1 + \vec{D}_0^t(x^t, y^t, b^t, g^t))}{(1 + \vec{D}_0^t(x^{t+1}, y^{t+1}, b^{t+1}, g^{t+1}))} \times \frac{(1 + \vec{D}_0^{t+1}(x^t, y^t, b^t, g^t))}{(1 + \vec{D}_0^{t+1}(x^{t+1}, y^{t+1}, b^{t+1}, g^{t+1}))} \right]^{\frac{1}{2}}$$

$$= \frac{(1 + \vec{D}_0^t(x^t, y^t, b^t, g^t))}{(1 + \vec{D}_0^{t+1}(x^{t+1}, y^{t+1}, b^{t+1}, g^{t+1}))} \times \left[\frac{(1 + \vec{D}_0^t(x^t, y^t, b^t, g^t))}{(1 + \vec{D}_0^{t+1}(x^t, y^t, b^t, g^t))} \right.$$

$$\left. \times \frac{(1 + \vec{D}_0^{t+1}(x^{t+1}, y^{t+1}, b^{t+1}, g^{t+1}))}{(1 + \vec{D}_0^t(x^{t+1}, y^{t+1}, b^{t+1}, g^{t+1}))} \right]^{\frac{1}{2}}$$

$$= MLEFFCH \times MLTECH \tag{4-4}$$

ML 指数可分解为技术进步指数（MLTECH）和效率改进指数（MLEFFCH）两个部分。技术进步指数测度技术前沿的进步速度，反映生产可能性边界向外扩张的动态变化；效率改进指数衡量生产单位实际生产向最大生产产出的迫近程度，反映出技术落后者追赶先进者的速度。ML、MLTECH 和 MLEFFCH 大于（小于）1 分别表示全要素生态效率增长（下降）、技术进步（退步）和效率改善（恶化）。

4.4.2 中国生态效率动态变化测算与分析

4.4.2.1 生态效率动态变化测算

采用计算静态生态效率时所用的数据，选取固定资本、劳动力、能源为投入指标，选取 GDP 作为期望产出指标，选取化学需氧量和二氧化硫排放量作为非期望产出指标进行测算。数据主要来源于 2012~2016 年《中国统计年鉴》与 30 个省区市 2012~2016 年的统计年鉴。另外，由于 Malmquist - Luenberger 指数是一个逐年比较的动态变化率，因此我们以 2011 年作为基年，2012 年和 2015 年之间的指数变化作为第一组数据，以此类推。

将处理后的数据用于 MAXDEA 软件中运行，会得到 Malmquist - Luenberger 指数，并将 Malmquist - Luenberger 指数分解成为效率改进与技术进步两个要素，分别测度中国 30 个省区市在效率改进和技术进步两个方面的表现。计算结果见表 4-13。

表 4 -13　　　　　　2011～2015 年中国区域生态效率值动态变化

地区	ML				EC				TC			
	2012 年	2013 年	2014 年	2015 年	2012 年	2013 年	2014 年	2015 年	2012 年	2013 年	2014 年	2015 年
北京	0.619	1.177	1.075	1.200	0.681	1.000	1.083	1.117	0.909	1.177	0.993	1.075
天津	0.882	1.130	1.123	1.100	0.892	1.033	1.073	1.023	0.989	1.094	1.047	1.075
河北	0.948	1.020	1.036	0.967	1.013	0.922	0.986	0.944	0.936	1.106	1.051	1.025
山西	0.866	1.079	1.017	0.858	0.905	0.976	0.942	0.844	0.957	1.105	1.081	1.016
内蒙古	1.042	1.009	0.995	1.065	1.034	0.955	0.959	0.989	1.008	1.057	1.037	1.077
辽宁	1.098	0.955	0.992	0.970	1.051	0.915	0.945	0.922	1.044	1.043	1.049	1.052
吉林	1.002	1.092	1.091	1.105	0.966	1.015	1.044	1.028	1.037	1.076	1.045	1.075
黑龙江	0.893	1.136	0.946	1.060	0.987	1.002	0.955	0.988	0.905	1.133	0.990	1.073
上海	0.841	1.204	1.009	0.993	1.000	1.000	1.000	1.000	0.841	1.204	1.009	0.993
江苏	0.996	1.137	1.030	1.094	1.000	1.000	1.000	1.000	0.996	1.137	1.030	1.094
浙江	0.911	1.048	1.068	1.026	0.917	0.949	1.014	0.964	0.993	1.104	1.054	1.065
安徽	1.053	1.072	1.063	1.059	1.014	0.979	1.017	0.985	1.038	1.096	1.045	1.075
福建	1.050	1.097	1.044	1.094	1.010	1.000	0.995	1.018	1.040	1.097	1.049	1.075
江西	1.063	0.978	1.076	1.056	1.023	0.893	1.030	0.982	1.038	1.096	1.045	1.075
山东	0.962	1.074	1.059	0.973	1.000	1.000	1.000	1.000	0.962	1.074	1.059	0.973
河南	0.989	1.096	1.046	1.056	1.021	0.980	0.985	1.045	0.969	1.118	1.062	1.010
湖北	1.003	1.116	1.089	1.071	1.023	1.030	1.033	1.020	0.980	1.084	1.054	1.050
湖南	0.977	1.189	1.093	1.146	1.041	1.085	1.046	1.067	0.938	1.096	1.045	1.075
广东	0.871	1.188	0.987	1.094	1.000	1.000	1.000	1.000	0.871	1.188	0.987	1.094
广西	1.046	1.054	1.083	1.125	1.007	0.962	1.036	1.047	1.038	1.096	1.045	1.075
海南	0.279	1.926	0.543	1.414	0.306	1.614	0.557	1.316	0.912	1.194	0.974	1.075
重庆	0.960	1.070	1.063	0.948	0.960	0.982	0.978	0.934	1.000	1.089	1.087	1.015
四川	0.983	1.128	1.096	0.958	1.023	1.008	1.032	0.941	0.961	1.119	1.062	1.018
贵州	0.923	1.193	1.110	0.901	1.021	1.081	1.006	0.927	0.904	1.104	1.103	0.972
云南	0.881	1.167	1.068	1.093	0.971	1.038	0.998	1.042	0.908	1.124	1.070	1.049
陕西	0.950	1.092	1.119	0.913	0.919	0.991	1.038	0.890	1.034	1.101	1.078	1.026
甘肃	0.842	1.195	1.009	0.960	0.969	1.043	0.961	0.924	0.869	1.146	1.049	1.038
青海	0.653	1.043	0.961	0.975	0.751	0.947	0.935	0.907	0.870	1.101	1.028	1.075
宁夏	0.632	1.089	0.985	1.045	0.726	0.989	0.965	0.972	0.871	1.101	1.020	1.076
新疆	0.874	1.090	0.985	1.048	0.985	0.956	1.066	0.977	0.887	1.139	0.924	1.072

表4-13记录了在MAXDEA软件中所测算出来的30个省区市在2011~2015年Malmquist-Luenberger指数的测算值,并将其分解成为效率改进与技术技术进步两个因素。表4-13中EC代表效率改进指数,TC代表技术进步指数,ML代表Malmquist-Luenberger指数,即全要素生态效率指数。在计算过程中,以第一年为基年,全要素生态效率水平设为1。

表4-13数据记录了在MAXDEA软件中所测算出来的30个省区市在2011~2015年Malmquist-Luenberger指数的测算值,并将其分解成为技术效率改进与技术进步两个因素。

4.4.2.2 生态效率动态变化分析

从全国范围、区域范围、省域层面三个层次来分解分析中国总体与各省份动态Malmquist-Luenberger指数的变化。

(1)全国层面生态效率动态变化分析。

整体研究中国整体层面的宏观变化,将30个省区市的数据一同进行整理。计算2011~2015年技术效率改进、技术进步与全要素生态效率指数的平均值,结果整理见表4-14。

表4-14　　中国年度平均Malmquist-Luenberger指数变化与分解

	2011~2012年	2012~2013年	2013~2014年	2014~2015年	平均值
ML	0.903	1.128	1.029	1.046	1.027
EC	0.941	1.012	0.989	0.994	0.984
TC	0.957	1.113	1.039	1.051	1.040

从表4-14的ML指数及其分解可以看出,中国平均全要素生态效率(以下研究结果中提及的全要素生产率均是全要素生态效率)呈上升趋势,特别是2013年各项指标增长显著,但2012年各项指标出现显著下降,但总体而言,从ML指数年均值1.027来看,全要素生态效率仍然保持了每年2.7%的增长。根据ML指数的分解因子效率改进与技术进步指数来看,技术进步每年平均增长率是4%,效率

改进每年平均增长率是 -1.6%，除 2011～2012 年外，其他年份的效率改进变化都小于 1，说明效率改进逐年降低。由此可以判断，全要素生态效率的增长主要是由技术进步贡献的。

①2012 年 ML 指数、效率改进指数 EC 和技术进步均小于 1。说明相对于 2011 年，2012 年全要素生态效率、效率改进指数和技术进步都呈现下降趋势，其中 ML 指数降低 8.7%，效率改进指数降低 5.9%，技术进步下降 4.3%。

②2013 年，三个指标均呈现增长趋势，说明在 2013 年效率改进与技术进步共同推动全要素生态效率的增长。2012 年处于"十二五"规划中期，国家"十二五"规划中提出面对日趋强化的资源环境约束，必须增强危机意识，树立绿色、低碳发展理念，以节能减排为重点，健全激励与约束机制，加快构建资源节约、环境友好的生产方式和消费模式，增强可持续发展能力，提高生态文明水平。政府政策的推动，成为效率改进与技术进步同时上升的驱动因素，从而导致全要素生态效率的上升。

③2014 年和 2015 年，三个指标均回落，特别是效率改进指数回落到 1 以下，出现倒退，阻碍全要素生态效率；可能的原因是政府提出优化结构、改善品种质量、增强产业配套能力、淘汰落后产能，发展先进装备制造业，调整优化原材料工业，改造提升消费品工业，促进制造业由大变强。大量企业进行技术改造，重点侧重于技术进步和发展创新型产业，淘汰落后工艺技术和设备，从而使年经济增速有所回落。

为了考察技术进步、效率改进、全要素生态效率三者之间的关系，绘制出了技术进步、效率改进与全要素生态效率的变化趋势见图 4 - 8。

从图 4 - 8 可以看出，以技术进步指数和全要素生态效率指数关系的角度来看，技术进步指数和全要素生态效率指数保持高度一致：2012 年与 2014 年体现为技术整体衰退，全要素生态效率开始下降，

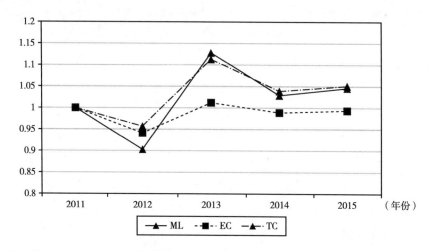

图 4 - 8 2011～2015 年中国全要素生态效率、效率改进、技术进步的趋势

在 2013 年技术进步明显，说明整体社会开始大力促进技术创新，2015 年技术进步与全要素生态效率又出现小幅度提高。但整体来看，技术进步仍然得到较大提高。从效率改进指数的变化角度来说，效率改进指数与全要素生态效率变化趋势也大体相同，但变化幅度较小，且有些年份效率改进指数小于 1，对于全要素生态效率的增长起到了阻碍的作用。

因此，从趋势变化可以得出对全要素生态效率起主要作用的是技术进步，技术创新对生态效率的提高起着决定性的作用，技术进步促进生态效率的提高，而效率改进却在一定程度上对生态效率的增长起到阻碍作用。结果与国内多篇研究城市生产率的文献保持一致，如袁春辉（2013）在研究中国城市环境全要素生产率时发现技术进步出现显著增长，但效率改进指数却下降，其平均增长值是 - 2.4%。

（2）中国区域全要素生态效率差异分析。

按照中国统计局 2011 年区域划分标准来分别研究东部、东北、中部、西部四个区域的效率改进指数、技术进步指数与全要素生态效率指数的变化情况（区域划分见第四章），比较区域之间效率改进、技术进步以及全要素生态效率的变化情况，结果见表 4 - 15。

表 4 – 15 四大区域全要素生态效率

地区	ML	EC	TC
东部	1.032	0.986	1.041
东北	1.028	0.985	1.044
中部	1.046	0.999	1.048
西部	1.010	0.974	1.035
平均值	1.029	0.986	1.042

从表 4 – 15 可以看出，东部、东北、中部、西部四个区域的全要素生态效率分别是 1.032、1.028、1.046、1.010，四个区域的全要素生态效率指数均大于 1，说明中国四个区域在研究期间全要素生态效率都得到了一定的增长，且增长幅度是中部＞东部＞东北＞西部，中部地区全要素生态效率年均增长 4.6%，领先于其他三个区域，随着《促进中部地区崛起规划》的实施，中部地区以"优化布局、集中开发、高效利用、精深加工、安全环保"为发展方针，2011～2015 年取得了令人瞩目的发展；中部和东部两个区域较全省平均生产率水平高，东北和西部地区均低于全省平均水平，地区之间的全要素生态效率变化差异化较大。

技术进步指数增幅与全要素生态效率保持基本一致，中部最高，年均增长幅度达到 4.8%，从区域排名来看技术进步增幅也是中部＞东北＞东部＞西部，中部技术进步的增长的速度高于东部，主要源于中部地区通过生产技术创新发展循环经济，提高了资源节约和综合利用水平。

效率改进指数四个区域分别是 0.986、0.985、0.999、0.974，均小于 1，说明全国范围内效率改进在研究期间下降，对全要素生态效率起到了一定的阻碍作用。存在现存资源利用效率偏低的状况。

从以上数据可以得出区域间全要素生态效率差异较大。中部地区的全要素生态效率、效率改进指数和技术进步指数都列为首位，东部、东北与西部三个地区要向中部学习先进的经验，加大技术创新，

提高技术进步；中部区域需要进行技术传播，将先进的低碳技术传播
到其他区域。此外，四个区域的效率改进指数都小于 1，说明没有对
现存的资源进行最大化地利用，导致效率改进指数偏低，在促进技术
进步的同时也应该把提高资源的利用效率作为重点，效率改进也是影
响全要素生态效率进步的重要因素。

（3）全国各省区市全要素生态效率变化分析。

中国 30 个省区市 2011~2015 年的效率改进、技术进步与全要素
生态效率的增长率的平均值如表 4-16 所示。

表 4-16   2011~2015 年中国 30 个省区市 Malmquist –
Luenberger 指数变化与分解

地区	ML	EC	TC	地区	ML	EC	TC
北京	1.018	0.970	1.039	河南	1.047	1.008	1.040
天津	1.059	1.005	1.051	湖北	1.070	1.027	1.042
河北	0.993	0.966	1.030	湖南	1.101	1.060	1.039
山西	0.955	0.917	1.040	广东	1.035	1.000	1.035
内蒙古	1.028	0.984	1.045	广西	1.077	1.013	1.064
辽宁	1.004	0.958	1.047	海南	1.041	0.948	1.039
吉林	1.073	1.013	1.058	重庆	1.010	0.964	1.048
黑龙江	1.009	0.983	1.025	四川	1.041	1.001	1.040
上海	1.012	1.000	1.012	贵州	1.032	1.009	1.021
江苏	1.064	1.000	1.064	云南	1.052	1.012	1.038
浙江	1.013	0.961	1.054	陕西	1.019	0.960	1.060
安徽	1.062	0.999	1.064	甘肃	1.002	0.974	1.026
福建	1.071	1.006	1.065	青海	0.908	0.885	1.019
江西	1.043	0.982	1.064	宁夏	0.938	0.913	1.017
山东	1.017	1.000	1.017	新疆	0.999	0.996	1.006

为深入分析，下面以全要素生态效率、技术进步、效率改进指数
将 30 个省区市划分成三个梯队进行比较。并将全要素生态效率指数、
效率改进指数、技术进步指数都大于 1 的划分为第一梯队；全要素生

态效率指数大于 1，效率改进指数或技术进步指数有一项指数小于 1，属于第二梯队；全要素生态效率指数小于 1 的属于第三梯队；结果见表 4 – 17。

表 4 – 17　　　　　　　　　梯队划分

梯队	省区市
第一梯队	天津、吉林、上海、江苏、福建、山东、河南、湖北、湖南、广东、广西、四川、贵州、云南
第二梯队	北京、内蒙古、辽宁、黑龙江、浙江、安徽、江西、海南、重庆、陕西、甘肃
第三梯队	河北、山西、青海、宁夏、新疆

第一梯队包括天津等 14 个省区市，全要素生态效率指数、效率改进指数、技术进步指数都大于 1，说明第一梯队全要素生态效率在 2011～2015 年呈增长趋势，全生产要素效率的提高来源于效率改进和技术进步两项指数的提高；第二梯队包括北京等 11 个省区市，全要素生态效率大于 1，而效率改进指数小于 1，主要是由于效率改进指数负增长，使这 11 个省区市的全要素生态效率处于较低的增长速度，在以后的发展过程中，应重点提高资源的利用效率，从而提高全要素生态效率；第三梯队，全生产要素效率指数小于 1，包括河北等 5 个省区市，从表 4 – 17 中可以看出，造成全要素生态效率小于 1 的原因也是由于效率改进指数小于 1，提高资源、能源的利用效率和管理水平是今后的发展方向。

第5章 中国省际区域生态效率的收敛性分析

由第 4 章的分析可知，我国各地区的生态效率存在着明显的区域差异，那么，基于动态的视角，各地区的生态效率是否存在收敛？如果各地区的生态效率存在收敛，表明我国各地区的生态效率的差异在不断减小，若不存在收敛，则说明当前我国各地区间的生态效率的差距有进一步扩大的趋势，因而必须采取相应的措施加以改善。本章将新古典经济增长理论中收敛假说的思想和方法应用到区域生态效率差异性分析中，首先对我国及四大区域生态效率的 σ 收敛性进行判断，然后利用面板数据分析模型对我国区域生态效率的 β 收敛趋势进行检验。

5.1　全要素生态效率收敛理论假说

在新古典经济增长理论中，收敛假说认为随着经济的发展，相比于拥有人均资本存量较高的地区，人均资本存量较低的地区，往往具有较高的资本收益率，因而拥有更快的经济增长速度。换言之，就是欠发达地区具有向发达地区收敛的趋势。因此，收敛假说对于经济欠发达地区对经济发达地区的追赶在理论上提供了强有力的支持，也因此奠定了新古典经济增长理论的基础。

对于生态效率的收敛性，我们可从微观层面、中观层面和宏观层面来分析其收敛机制。

从微观层面来讲，区域生态效率的收敛机制主要表现在以下两个方面：一是在面对资源价格不断攀升和环境约束日益增强的形势下，企业为了追逐更多的经济利益，它们会积极地开展技术创新，主动地提高企业管理水平，不断减少对资源的消耗，从而提高企业的生态效率水平；二是在"经济理性人"的假设下，消费者也会依据环境资源的稀缺程度做出理性选择，当经济发展水平达到一定高度时，人们对生态环境的关注度将会提高，低碳消费意识亦不断增强，从而有助于提高消费领域的生态效率水平。

从中观层面来看，区域生态效率的收敛机制主要体现在经济结构趋同上。一方面是产业结构趋同化，产业结构演进的一般规律是从"一、二、三"到"二、一、三"，最终发展为"三、二、一"的产业分布格局，而第三产业的生态效率水平相对较高，因此，随着产业结构的演进，生态效率也会不断提高；另一方面是能源消费结构的不断优化升级。现阶段我国能源消费仍然是以煤炭为代表的化石能源为主，而化石能源属于高碳能源且是不可再生资源，在资源稀缺性的约束下，太阳能、风能、核能等可再生的新能源必将会取代化石能源。新能源是清洁能源，随着能源消费结构的不断优化，生态效率亦会不断提高。

从宏观层面来看，区域生态效率的收敛机制主要表现在政府行为的收敛机制上。一方面，随着经济增长所带来的日益严峻的环境破坏，政府会加强环境规制，通过排污费等环境政策规范企业行为；另一方面，随着经济的增长，政府有更多的资金治理环境污染，通过补息贴息等政策激励企业、科研机构进行污染治理技术和新工艺新能源的研发，促进资源的高效利用，减少污染物的排放，提高生态效率水平。

从以上分析可知，不管是从微观和中观还是从宏观角度分析，随着我国经济发展水平的不断提高、人们环保意识的不断增强、产业结构的不断优化、技术水平的不断提升和环境政策的不断加强，区域生态效率从理论上均会出现收敛状态，所以区域生态效率收敛假说成立。

5.2　收敛模型、研究样本和数据来源

5.2.1　区域生态效率收敛模型

根据新古典增长理论经济收敛假说的基本思想，区域生态效率收

敛是指初始生态效率水平较低的地区，其增长速度高于初始水平较高的地区。在实证分析中，学术界认为收敛机制具体又可以分为 σ 收敛（σ convergency）、β 收敛（β convergency）。β 收敛又可分为绝对 β 收敛和条件 β 收敛。

（1）生态效率 σ 收敛。

生态效率 σ 收敛侧重于分析各个区域生态效率发展水平的差距，指的是各区域生态效率发展水平的差距随时间而逐步缩小，最终生态效率较低的区域追赶上了生态效率水平较高的地区。区域生态效率的 σ 收敛一般用标准差指标表示：

$$S = \sqrt{\frac{\sum\limits_{i=1}^{n} \left(I_i - \frac{1}{n} \sum\limits_{i=1}^{n} I_i \right)^2}{n-1}} \qquad (5-1)$$

其中，S 是标准差，表示生态效率偏离整体平均水平的程度；I_i 表示第 i 个评价区域的生态效率评价值；n 为评价区域的个数；$\frac{1}{n} \sum\limits_{i=1}^{n} I_i$ 表示中国各省域生态效率平均值。

（2）β 收敛。

生态效率 β 收敛的含义是指生态效率水平较低的区域其生态效率水平增长速度往往比生态效率水平较高的区域更快，即各个区域的生态效率增长速度与生态效率水平之间存在负相关关系。β 收敛可以分为绝对 β 收敛和条件 β 收敛。生态效率绝对 β 收敛是指随着时间的推移，各个区域的生态效率水平收敛于一个共同的稳态值。然而，生态效率绝对 β 收敛蕴含着严格的假定条件，即假定不同区域的经济—资源—环境系统具有完全相同的"基本特征"，即各个区域具有相似的经济发展水平、产业结构、科技实力、环境政策等，在这样完全相同的条件下，不同区域的生态效率水平会有相同的稳态，从而也具备完全相同的增长路径和稳态水平。生态效率条件 β 收敛是与生态效率绝对 β 收敛相对应的另一种收敛方式，生态效率条件 β 收敛摆

脱了绝对 β 收敛中不同区域的经济—资源—环境系统具有完全相同的"基本特征"的假定条件束缚，从而意味着不同区域的经济—资源—环境系统也具有不同的增长路径和稳态水平。根据新古典增长理论，如果区域生态效率存在条件 β 收敛，那么意味着每个区域的经济—资源—环境系统都将收敛于自身的稳态水平，有自己的收敛路径（韩海彬，2010）。

①区域生态效率绝对 β 收敛。

区域生态效率绝对 β 收敛可以用下式表示：

$$\ln(I_{i.t+T}/I_{i,t})/T = a + b\ln(I_{i,t}) + u_{i,t} \qquad (5-2)$$

其中，$I_{i,t}$ 表示第 t 期即期初的生态效率评价值，$I_{i,t+T}$ 表示第 t + T 期即期末的生态效率评价值，$\ln(I_{i.t+T}/I_{i,t})/T$ 表示从第 t 期到第 t + T 期生态效率的年平均增长率。如果系数 b 为负，并通过了显著性水平检验，表示生态效率水平较低的地区比生态效率水平高的地区拥有更大的增长率，换言之，生态效率的增长速度与生态效率的初始值成反比，即表现为绝对 β 收敛，$u_{i,t}$ 是统计噪声项。

为了使计量回归的时间序列表现出连续性，同时最大限度地利用样本数据，这里令 T = 1，区域生态效率绝对 β 收敛可以表达如下：

$$\ln(I_{i.t+1}/I_{i,t})/T = a + b\ln(I_{i,t}) + u_{i,t} \qquad (5-3)$$

②区域生态效率条件 β 收敛。

区域生态效率条件 β 收敛考虑了不同区域的产业结构、技术水平、环境政策等方面存在的差异，它意味着不同区域的生态效率将收敛于各自的稳定水平。在区域生态效率绝对 β 收敛模型的基础上，加入适当的控制变量后，即可将绝对 β 收敛转换成条件 β 收敛（许广月，2010）。区域生态效率条件 β 收敛模型可以表达如下：

$$\ln(I_{i,t+1}/I_{i,t})/T = a + b\ln(I_{i,t}) + \sum_{k=1}^{m} \lambda_k X_{k,i,t} + u_{i,t} \qquad (5-4)$$

其中，$I_{i,t}$ 表示第 t 期即期初的生态效率评价值，$I_{i,t+1}$ 表示第 t + T 期即期末的生态效率评价值，$\ln(I_{i,t+1}/I_{i,t})/T$ 表示从第 t 期到第 t + T 期生态效率的平均年增长率。λ_k 表示第 k 个控制变量的回归系数，$X_{k,i,t}$ 表示第 k 个控制变量，$u_{i,t}$ 是随机误差项。如果在通过显著性水平检验的情况下，系数 b 的估计值为负，则表示生态效率表现出了 β 条件收敛态势。同样，为了使计量回归的时间序列表现出连续性，同时最大限度地利用样本数据，这里令 T = 1，区域生态效率条件 β 收敛可以表达如下：

$$\ln(I_{i,t+1}/I_{i,t}) = a + b\ln(I_{i,t}) + \sum_{k=1}^{m}\lambda_k X_{k,i,t} + u_{i,t} \qquad (5-5)$$

因为本书第 4 章运用包含非期望产出的三阶段 DEA 计算中国区域生态效率，在第二阶段采用 SFA 回归剔除了外部环境因素和统计噪声对生态效率的影响，所以本章不采用条件 β 收敛计算中国区域生态效率的收敛情况。

5.2.2　研究样本和数据来源

本章研究样本是中国全国层面和东部、中部、西部、东北四大区域，四大区域的划分见第 4 章相关内容，面板数据的时间序列设定为 2011 ~ 2015 年。本章研究所需数据来源于第 4 章运用包含非期望产出的三阶段 DEA 模型计算的生态效率值。

5.3　我国区域生态效率 σ 收敛分析

表 5 - 1 和图 5 - 1 是全国及四大区域生态效率的标准差及其发展趋势。从全国及四大区域生态效率的标准差的计算结果来看，总体上表现出了"总体收敛，局部发散"的演变特征。

表 5 - 1　　　　　　中国及四大区域生态效率 σ 收敛统计值

年份	全国	东部	东北	中部	西部
2011	0.2835	0.3059	0.0797	0.0301	0.1030
2012	0.2844	0.3085	0.0768	0.0189	0.1566
2013	0.2782	0.2951	0.0854	0.0248	0.1127
2014	0.2825	0.3086	0.0739	0.0273	0.1092
2015	0.2785	0.3015	0.0693	0.0269	0.1098

　　注：表中全国、东部、东北、中部、西部各年相关数据根据第 3 章评价对象中全国 30 个、东部 10 个、东北 3 个、中部 6 个和西部 11 个省区市的生态效率评价值计算所得。

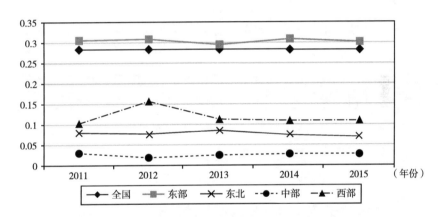

图 5 - 1　2011 ~ 2015 年中国及四大区域生态效率 σ 收敛趋势

　　从全国层面来看，我国区域生态效率标准差 2011 ~ 2015 年总体上呈下降态势，如 2011 年的标准差为 0.2835，2012 年小幅上升到 0.2844，到 2013 年回落到 0.2782，之后 2014 年又上升到 0.2825，到 2015 年下降到 0.2785，这说明 2011 ~ 2015 年我国省域间生态效率的绝对差异呈现"M"形波动，2013 ~ 2015 年的生态效率标准差小于 2011 年和 2012 年。因此，从全国层面来看，2011 ~ 2015 年我国生态效率区域差异存在 σ 收敛的趋势。

　　东部 10 省的生态效率标准差变化趋势和全国层面相似，2011 ~ 2012 年由 0.3059 上升到 0.3085，呈现 σ 发散趋势，2012 年下降到 0.2951，出现了 σ 收敛现象，到 2014 年标准差又有所增加，到 2015

年下降到 0.3015，说明东部地区生态效率绝对差异在波动变化；东北 3 省的省域生态效率标准差除在 2013 年有发散趋势外，在其他年份，生态效率区域差异逐年降低，差异值从 2011 年的 0.0797 降低到 2015 年的 0.0693，呈现 σ 收敛态势；中部 6 省的省域生态效率的标准差变化趋势和东部地区类似，2005 ~ 2011 年呈现出 σ 收敛—发散—发散—收敛的波动变化趋势。西部地区各省域的生态效率水平的标准差指数在 2012 年处于 σ 收敛态势，其他年份一直处于不断降低的趋势，说明西部地区各省域生态效率水平差异在不断减低，呈现 σ 收敛态势。

从四大区域生态效率标准差的比较来看，东部地区生态效率的标准差远远高于其他三个区域，这说明东部地区的生态效率区域差异性大于其他三个区域。在东北部、中部和西部中，西部地区生态效率标准最大，表明西部地区的生态效率区域差异大于东北部和西部，其次是东北地区，西部地区生态效率标准差差异最小，说明西部地区 11 个省域的生态效率区域差异比较小。

5.4　我国区域生态效率绝对 β 收敛分析

运用区域生态效率绝对 β 收敛回归模型对我国全国层面和东部、中部、西部和东北部四大区域的区域生态效率的绝对 β 收敛性进行检验，结果如表 5 - 2 所示。从表 5 - 2 可以看出，全国及东部、西部、中部三大区域生态效率绝对 β 收敛回归模型的 LR 检验均通过了 1% 的显著性检验，故均选择固定效应模型；东北地区收敛模型的 LR 检验和 Hausman 检验均不显著，综合考虑各种效应的模型拟合优度和杜宾检验值，中部地区区域生态效率绝对 β 收敛回归模型选择混合效应模型进行估计。为了消除截面数据异方差的影响，这些回归模型均选择 period SUR 方法进行估计。从估计结果可以看出，全国层

面和东部、中部、西部和东北部四大区域模型的 F 检验值均通过了
1% 的显著性检验，且杜宾检验值均在 2 附近，说明模型设定恰当，
能客观地描述期初区域生态效率与其增长率之间的关系。

表 5 - 2　　　全国及四区域生态效率绝对 β 收敛回归结果

	全国	东部	东北	中部	西部
a	0.2632 *** (19.6254)	0.2252 *** (15.8595)	0.2857 *** (63.1953)	0.0512 *** (4.9231)	0.2234 *** (15.6854)
b	− 0.1242 *** (− 8.3625)	− 0.0824 *** (− 6.5526)	− 0.0542 *** (− 13.5682)	− 0.2273 *** (− 9.6586)	0.0845 *** (5.2879)
R^2	0.5226	0.9659	0.7334	0.8410	0.7758
F	20.2550 ***	200.1441 ***	109.5582 ***	20.7458 ***	18.6585 ***
D - W	1.9824	1.9454	2.1221	1.9685	2.0891
模型检验	LR 检验 10.2358 ***	LR 检验 165.5489 ***	LR 检验 1.7545	LR 检验 7.1948 ***	LR 检验 9.5220 ***
模型	固定效应	固定效应	混合效应	固定效应	固定效应

注：（1）＊、＊＊、＊＊＊分别表示 10%、5%、1% 的显著性水平；
（2）括号内是渐进的 t 统计量值；
（3）模型中的系数 a 为各年份参数值的平均值，各年份的效应值没有列出。

从全国层面来看，期初生态效率系数估计值为 - 0.1242，通过了
1% 显著性水平检验，说明期初生态效率水平与其增长率成反比，表
明我国全国层面区域生态效率存在绝对 β 收敛，即从全国层面来说，
各省域生态效率存在共同收敛的趋势，说明从总体上来看，全国各省
域生态效率趋向于一个共同的水平。与全国层面一样，东部、中部和
西部三大区域生态效率也表现出了显著的绝对 β 收敛的特征，说明
这三个子区域内部的生态效率差距在缩小，这是东、中、西部地理上
比邻且经济发展水平相当、经济结构相似的必然结果。而对东北地区
来说，收敛回归方程中期初生态效率系数估计值显著为正，说明期初
生态效率水平与其增长率成正比，即生态效率水平高的区域其生态效
率提升速度也更高，从而区域生态效率差异会逐渐加大，呈发散趋

势。因此，东北地区区域生态效率不存在绝对 β 收敛现象，其生态效率水平呈发散态势，说明东北地区内部三个省域的生态效率水平并没有向一个共同的稳态收敛。

5.5　本章小结

本章将新古典经济增长理论中收敛假说的思想和方法应用到区域生态效率差异性分析中，通过建立面板数据分析模型，实证分析了我国区域生态效率差异的收敛性。首先，运用标准差指标对我国及东、中、西和东北四大区域生态效率水平进行了 σ 收敛分析，结果表明，全国及四大区域生态效率总体上表现出了"总体收敛，局部发散"的演变特征。其次，利用面板数据分析模型，对我国生态效率区域差异进行了绝对 β 收敛检验，结果发现，我国全国层面和东部、中部、西部三大区域均存在显著的绝对 β 收敛现象。东北地区生态效率呈现出显著的发散态势。

区域生态效率
评价及收敛性
研究
Chapter 6

第6章　京津冀区域生态
效率评价研究

6.1　京津冀地区概况

京津冀地区位于 113°27′ ~ 119°50′E、36°05′ ~ 42°40′N 之间，南北长 750 千米，东西宽 650 千米，总面积约为 21.8 万平方千米，地处亚欧大陆东缘中国地区环渤海的核心地带。

京津冀区域的概念由首都经济圈发展而来，包括北京、天津两大直辖市和河北省的保定、唐山、石家庄、廊坊、秦皇岛、张家口、承德、沧州、衡水、邢台、邯郸共 13 个地区。其中北京、天津、保定、廊坊为中部核心功能区，京津保地区率先联动发展。

党的十九大提出"建立健全绿色低碳循环发展的经济体系"，并明确要求"建设生态文明"作为国家的发展战略。全要素生态效率的评价是建设生态文明的基础。京津冀区域作为中国的三大城市群之一，越来越引起中国乃至整个世界的瞩目。2017 年，京津冀区域生产总值合计 82559.4 亿元，占全国的 9.98%。京津冀经济高速发展的同时，带来的资源的大量消耗和产生的环境问题也日益突出。协调京津冀经济—资源—环境三者之间的关系，建设京津冀生态文明，成为当前政府工作的重中之重。如何评价经济—资源—环境的可持续发展程度是当前研究的热点和难点，而全要素生态效率作为一个衡量指标，能够较准确地反映一个系统的经济—资源—环境的协调发展程度。

因此，科学评价京津冀区域的全要素生态效率水平，准确测算各地区资源消耗、环境影响、经济产出的水平，可以为生态效率无效的地区提高效率并提供先进经验，最终提高整个京津冀的全要素生态效率水平，对于京津冀区域产业结构调整、经济发展模式、建设生态文明有着重大的意义。

本章在我国省级区域生态效率评价的基础之上对京津冀区域 13

个地区的生态效率进行测算，并分析其影响因素。根据评价结果，有针对性地研究各地区全要素生态效率的提升路径。为促进京津冀区域经济发展方式的转变，建设京津冀绿色、低碳的可持续发展模式提供政策参考。

6.2　模型构建

运用 DEA 模型进行效率评价时，经验要求决策单元数量一般是所选投入和产出指标总和的两倍以上，当不符合以上条件时，就会出现大量决策单元的效率值为 1。对于多个同时有效的决策单元则无法做出进一步的评价与比较。京津冀区域共有 13 个地区作为决策单元进行生态效率评价，这就要求投入和产出指标的数量不能大于 6，否则就可能出现多个地区的效率值都为 1。为了能够准确地评价和分析京津冀区域 13 个地区的生态效率水平，本章在包含非期望产出 SBM 模型的基础上引入超效率 DEA 模型，构建超效率的 SBM 模型。对京津冀区域的生态效率进行评价。

Banker，Gifford 和 Bankeret 等在 CCR 模型的基础上，首次提出超效率 DEA 模型，其基本思想是在对第 i 个决策单元的效率进行评价时，将该 DMU_i 排除在外，用其他决策单元输入和输出的线性组合来代替它的输入输出。当一个有效的决策单元将其投入按比例增加时，其效率值可以保持不变，则该投入增加比例就是其超效率评价值。

超效率 SBM 模型实际上是结合了超效率 DEA 模型和 SBM 模型的优势，比起传统的 DEA 模型，不仅可以更恰当地处理非期望产出，而且可以在有效的决策单元中进一步做出比较。假设有 n 个决策单元，每个决策单元由投入指标 m 个，r_1 个期望产出和 r_2 个非期望产出。用向量表示为 $x \in R^m$，$y^g \in R^{r1}$，$y^u \in R^{r2}$；X、Y^g 和 Y^u 是矩阵，$X = [x_1, \cdots, x_n]$，$Y^g = [y_1^g, \cdots, y_n^g,]$，$Y^u = [y_1^u, \cdots, y_n^u,]$。本章在讨论超效率 SBM 时，定义决策单元是有效的，超效率 SBM 模型构建如下：

$$\min\varphi = \frac{1/m \sum\limits_{i=1}^{m} (\bar{x}/x_{ik})}{1/(r_1 + r_2)(\sum\limits_{s=1}^{r_1} \bar{y}^g/y_{sk}^g + \sum\limits_{q=1}^{r_2} \bar{y}^u/y_{qk}^u)}$$

$$\bar{x} \geqslant \sum\limits_{j=1,\neq k}^{n} x_{ij}\lambda_j \quad i = 1,\cdots,m$$

$$\bar{y}^g \leqslant \sum\limits_{j=1,\neq k}^{n} y_{ij}^g\lambda_j \quad s = 1,\cdots,r_1 \qquad (6-1)$$

$$\bar{y}^g \geqslant \sum\limits_{j=1,\neq k}^{n} y_{qj}^g\lambda_j \quad q = 1,\cdots,r_2$$

$$\lambda_j > 0 \quad j = 1,\cdots,n \quad j \neq 0$$

$$\bar{x} \geqslant x_k \quad i = 1,\cdots,m$$

$$\bar{y}^g \leqslant y_k^g \quad s = 1,\cdots,r_1$$

$$\bar{y}u \geqslant y_k^u \quad q = 1,\cdots,r_2$$

本章根据超效率 SBM 模型计算京津冀区域 13 个地区 2012~2016 年的生态效率。

6.3　指标选择和数据来源

本章研究的对象为京津冀区域生态效率，包括北京、天津、石家庄、唐山、保定、张家口、承德、邢台、衡水、沧州、邯郸、廊坊、秦皇岛 13 个地区，研究时期为 10 年。

生态效率的核心思想是：在经济发展中以较少的资源消耗和污染排放实现尽可能多的价值产出，寻找发展过程中经济增长与生态环境改善的最佳结合。生态效率是以最少的资源投入和最小的环境代价获得最大的经济价值，这与 DEA 方法对投入产出的内涵相符合。从生态效率的核心思想入手，并考虑指标选择的科学性、系统性、可操作性和数据资料的可得性原则。构建京津冀区域生态效率评价指标体系，如表 6-1 所示。选取投入和产出共 7 项指标。投入指标包括 X_1 从业人员数（万人）、X_2 全社会固定资产投资（亿元）、X_3 用水总量（亿立方米）和 X_4 规模以上工业企业能源消耗（万吨标准煤）；选取 Y_1^u 工业废水排放量（万吨）和 Y_2^u 工业二氧化硫排放量（吨）作为非期望产出指标；选取 Y^g 地区 GDP（亿元）为期望产出指标。选择京津冀区域北京、天津和河北省的 11 个地级市共 13 个区域为决策单元。

表 6-1　　　京津冀区域生态效率评价指标体系

指标类型	一级指标	二级指标	变量定义
投入指标	资源投入	劳动力投入	X_1 从业人员数（万人）
		资本投入	X_2 全社会固定资产投资（亿元）
		水资源消耗	X_3 用水总量（亿立方米）
		能源消耗	X_4 规模以上工业企业能源消耗（万吨标准煤）
产出指标	期望产出	经济发展总量	Y^g 地区 GDP（亿元）
	非期望产出	废水排放	Y_1^u 工业废水排放量（万吨）
		废气排放	Y_2^u 工业二氧化硫排放量（吨）

本章选用数据来源于《中国能源统计年鉴（2013~2017）》《中国统计年鉴（2013~2017）》《中国城市统计年鉴（2013~2017）》《河北经济统计年鉴（2013~2017）》。投入产出原始数据如附录所示。

6.4　京津冀区域生态效率实证分析

运用 SBM 模型对京津冀 13 个地区的投入指标和产出指标进行分析，得到 2012~2016 年 13 个地区的生态效率值，具体结果如表 6-2 所示。

表 6 - 2　　　　　京津冀区域 13 个地区 2012～2016 年的生态效率

地区	2012 年	2013 年	2014 年	2015 年	2016 年	均值
北京市	1.36	1.37	1.39	1.43	1.41	1.39
天津市	1.08	1.07	1.08	1.07	1.08	1.08
石家庄市	0.47	0.47	0.53	0.50	0.55	0.50
唐山市	1.07	1.07	1.06	1.05	1.03	1.06
邯郸市	0.69	0.51	0.50	0.45	0.44	0.52
秦皇岛市	0.46	0.46	0.42	0.47	0.48	0.46
邢台市	0.39	0.37	0.40	0.44	0.45	0.41
保定市	1.03	1.01	1.03	0.78	0.68	0.91
张家口市	0.36	0.36	0.38	0.38	0.42	0.38
承德市	1.06	1.05	1.07	1.03	0.55	0.95
沧州市	1.20	1.18	1.17	1.14	1.13	1.17
廊坊市	1.03	1.02	1.07	1.08	1.02	1.04
衡水市	1.01	1.02	1.02	1.04	1.08	1.04

　　13 个地区在研究期间的生态效率表现出显著的区域差异性，对其效率均值进行排序（见图 6 - 1），北京、沧州、天津排名前三位，邢台、张家口排名末位。按照生态效率均值可将 13 个地区分为三类：第一类是高生态效率地区（生态效率均值≥1），共有北京、天津、唐山、沧州、廊坊和衡水 6 个地区，在 2012～2016 年期间其生态效率值都在 1 以上，位于生态效率前沿面，这 6 个地区的生态效率相对其他地区的资源—环境—经济的可持续发展程度较高；第二类城市为中生态效率地区（0.5≤生态效率均值＜1），包括石家庄、邯郸、保定、承德 4 个地区，其中，石家庄和邯郸 2012～2016 年 5 年的生态效率值均小于 1，而保定在 2012～2014 年的生态效率大于 1，2015年和 2016 年的生态效率分别为 0.78 和 0.68，承德 2012～2015 年 4 年的生态效率都大于 1，2016 年生态效率值直降为 0.55。说明这两个城市的生态效率的波动较大；第三类城市低生态效率地区（生态

效率均值 < 0.5），包括邢台和张家口两个地区，且其碳排放效率值在 2012 ~ 2016 年都在 0.5 以下，生态效率相对较低。

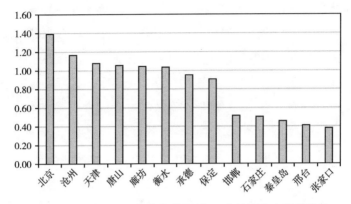

图 6 - 1　2012 ~ 2016 年京津冀区域 13 个地区生态效率均值

下面结合各地区的生态效率值和环境空气综合指数进一步分析。根据 2016 年中国环境状况公报发布的京津冀区域 13 个地区的环境空气质量综合指数进行排序（见图 6 - 2）（因数据缺失，仅分析 2016 年）。空气质量综合指数，亦可称环境空气质量综合指数，是描述城市环境空气质量综合状况的无量纲指数，综合考虑了《环境空气质量指数（AQI）技术规定（试行）》（HJ633 ~ 2012）中规定的：SO_2、NO_2、PM10、PM2.5、CO、O_3 等六种污染物污染程度，空气质量综合指数值越大表明综合污染程度越重。

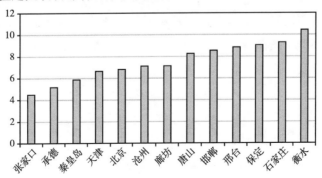

图 6 - 2　2016 年京津冀区域 13 个地区空气质量综合指数

生态效率和综合污染程度有较高的相关关系，但是生态效率高并不代表综合污染程度低，生态效率低也不代表综合污染程度高。生态效率和综合污染程度所反映的指标不同，生态效率反映的是一个地区资源—环境—经济协调发展的程度，具体指以最少的资源投入和最小的环境代价获得最大的经济价值。而综合污染程度仅反映地区污染物的污染程度，只是反映生态效率的非期望产出水平，所以通过分析会发现，13个地区的生态效率排名和空气质量综合指数排名不一致。由图6-2可知，衡水空气质量综合指数最高，说明在京津冀13个地区中，2016年衡水的综合污染程度最严重，而张家口的综合污染程度最小。

生态效率的核心思想是：在经济发展中以较少的资源消耗和污染排放实现尽可能多的价值产出，根据超效率SBM测算的结果，生态效率值高说明该地区的在取得高期望产出的同时，其投入和非期望产出较低，而生态效率低则说明该地区可能存在以下三种情况：一是投入大；二是期望产出低；三是非期望产出高。所以针对效率低的地区应该具体分析，探求生态效率低的主要原因。北京的生态效率均值最高，达到1.39，说明相对于其他地区，北京的可持续发展程度最高，用最少的资源消耗和最小的环境代价取得了最高的期望产出；邯郸、石家庄、秦皇岛、邢台和张家口的生态效率较低，但是原因不同，邯郸、石家庄和邢台期望产出较高，但是资源的消耗和非期望产出都比较高，从而其生态效率水平偏低，而秦皇岛和张家口生态效率水平低的原因主要是由于其期望产出（地区GDP）过低造成的。

生态效率水平低下反映地区的资源—环境—经济的可持续发展程度较低，北京、沧州和天津的可持续发展程度较高，而邯郸、石家庄、秦皇岛、邢台和张家口的可持续发展程度较低，在今后的发展过程中，应有针对性的措施，提高其生态效率水平，从而提高地区的可持续发展程度。

6.5　小　　结

本章通过对 2012~2016 年京津冀区域 13 个地区的生态效率进行分析，得出以下结论：（1）从时序变化的角度看，北京、天津、秦皇岛和廊坊 4 个地区的生态效率呈现波动趋势，且波动较小；石家庄、邢台、张家口和衡水 4 个地区的生态效率呈增长趋势；唐山、邯郸、保定、承德和沧州 5 个地区的生态效率逐年下降，其中保定在 2015 年、2016 年和承德在 2016 年下降幅度较大，都从前一年的生态效率相对有效变为无效状态。（2）从 5 年的生态效率均值看，可以把 13 个地区分成三类，分别为高生态效率、中生态效率和低生态效率区域。（3）13 个地区的生态效率存在显著的空间差异，北京、天津和沿海地区生态效率较高，冀中南部和张家口生态效率偏低，在一定程度上表现出空间集聚。

对区域生态效率的研究是为了提高地区的资源—环境—经济的可持续发展水平，而生态效率低则说明该地区可能存在以下三种情况：一是投入大；二是期望产出低；三是非期望产出高。邯郸、石家庄、秦皇岛、邢台和张家口的生态效率较低，但是原因不同，邯郸、石家庄和邢台期望产出较高，但是资源的消耗和非期望产出都比较高，从而其生态效率水平偏低，而秦皇岛和张家口生态效率水平低的原因主要是由于其期望产出（地区 GDP）过低造成的。

根据上述结论，对京津冀区域的生态效率提高提出以下建议：对于各地区要因地制宜，充分考虑生态效率的差异，充分分析效率低的原因，提出针对性的解决措施，邯郸、石家庄和邢台等区域应通过采取资金支持和政策指导等方式，大力促进其减排工作的开展，要充分认识到技术进步对碳减排的贡献，加大对节能减排技术的研发力度；对于张家口等环境空气质量综合指数较低的地区，政策上引导其优化产业结构，寻求经济增长极，大力提高经济发展水平。

第7章　河北省生态效率评价研究

近年来河北省经济总量不断增长，2014 年河北省的生产总值达到 29421. 15 亿元，是 2001 年的 5. 33 倍。经济高速增长的同时，水资源、能源消费量增长迅速，"工业三废"的排放量逐年增长。2014 年河北省废水排放量占全国的 4. 33%，SO_2 排放量占全国的 6. 03%。河北省的生态环境在不断恶化，成为制约河北省经济发展的"瓶颈"。2013 年以来国家环境部每季度公布全国十大污染城市，河北省多个地级城市频频名列其中，综合剖析并究其原因，这与河北传统产业居多、产业结构落后、技术水平低、资源消耗高和污染排放重密切相关。河北作为以工业为主的省份，面临着调整产业结构、治理环境污染等重头任务。

产业结构是经济结构的重要组成部分，与经济增长有着非常密切的联系。产业结构直接关系到地区生产力水平、经济发展速度和质量、人民生活水平以及资源环境消耗。产业结构的优化可以带动经济的增长，直接影响经济各部门的协调发展，对于经济发展具有重要作用。经济增长与生态环境有着密切的关系。产业结构是联系人类经济活动与生态环境之间的一条重要纽带，Gmssman 和 Krueger（1991）指出产业结构变化是影响环境质量的重要因素。所以进行产业结构优化的同时应充分考虑生态环境的变化。

本章从生态安全视角研究产业结构优化问题。选用适合多投入、多产出复杂系统效率评价的 DEA 方法，对河北省 2001～2014 年基于生态安全的产业结构效率进行比较和评价。通过对河北省产业结构效率的评价，分析基于生态安全的河北省产业结构的有效性，为当前及未来一段时期河北省的产业结构调整提供参考。

7.1　理论背景

产业结构的合理性和高效性决定了经济效益、资源利用效率和生态环境。Gmssman 和 Krueger（1995）提出环境库兹涅兹曲线（environmental kuznets curve，EKC），指出随着人均收入的提高，环境质量会变差，当越过某一个转折点时，人均收入的提高又会促使环境质量发生改善。Lantz 和 Feng（2006）利用加拿大 1970～2000 年省级面板数据，估计了二氧化碳排放和 GDP、人口以及技术之间的关系，发现二氧化碳排放和 GDP 之间并不存在显著关系，与人口、技术之间分别存在倒"U"形和正"U"形关系。Panayotou（1993）首次提出环境库兹涅茨曲线（EKC）假说，它表明了在收入达到一定水平时，经济增长和环境改善是可以兼容的，并论述了产业结构变动与污染物排放关系。史丹（1999，2002）分析了产业结构变动对能源消费量、能源利用效率的影响。

许多实证研究也表明，一个区域的产业结构对区域经济发展与资源环境具有决定性影响，区域产业结构调整的生态效益非常明显，产业结构的优化升级是减少资源消耗和环境损害的主要手段。很多学者在对产业结构优化评价的过程中没有考虑产业优化对资源环境、生态等方面的影响。

本章从生态安全视角深入研究产业结构优化问题，选用适合多投入、多产出复杂系统效率评价的 DEA 方法，对河北省 2001～2014 年基于生态安全的产业结构效率进行评价。一方面分析河北省产业结构对生态环境的影响；另一方面通过对河北省环境资源产出率的评价，分析基于生态安全的河北省产业结构的有效性，为当前及未来一段时期河北省的产业结构调整提供参考，增加河北的综合实力。

7.2 河北省产业结构和生态安全现状分析

7.2.1 三次产业结构演变分析

产业结构，亦称国民经济的部门结构，即国民经济各产业部门之间以及各产业部门内部的构成。产业结构分类经常使用的分类方法主要有两大部类分类法、三次产业分类法、资源密集度分类法与国际标准产业分类。根据社会生产活动历史发展的顺序对产业结构的划分，本章采用三次产业分类法。产品直接取自自然界的部门称为第一产业，对初级产品进行再加工的部门称为第二产业，为生产和消费提供各种服务的部门称为第三产业。中国的三次产业具体划分：第一产业是农业；第二产业包括工业和建筑业；第三产业是除第一、第二产业以外的其他各业，分为两大部分：一是流通部门，二是服务部门。

河北省 2001~2014 年三次产业结构构成的演变如图 7-1 所示。

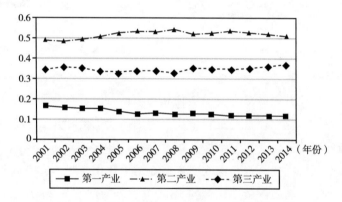

图 7-1 2001~2014 年河北省三次产业结构构成

从图 7-1 可以看出，河北省 2000~2014 年，产业结构为"二三一"。第一产业比重由 16.35% 下降到 11.72%，下降了 4.63%，年平均下降 0.31%；第二产业比重由 49.86% 上升到 51.03%，上升了 1.17%，变化较小；以服务业为主的第三产业比重稳步上升，由 33.79% 上升到 37.25%，上升了 3.46%，年平均上升 0.23%。由此可以看出，河北省第一产业逐渐向第二、第三产业转移，可见，河北省第二产业比重最大，第三产业次之，第一产业最小。

2000~2014 年，河北省三次产业产值都呈现出快速发展的态势，第一产业由 2001 年的 913.82 亿元增加到 2014 年的 3447.46 亿元，年均增长 10.76% ；第二产业由 2001 年的 2696.63 亿元增加到 2014 年的 15012.85 亿元，年均增长 13.61% ；第三产业由 2001 年的 1906.31 亿元增加到 2014 年的 10960.84 亿元，年均增长 14.22% 。综上所述，自 2001 年以来，河北省的产业经济发展逐渐趋于稳定，并形成一个以第二产业比重最大，第三产业次之，而第一产业比重逐渐减少的经济体系。根据钱纳里工业化阶段理论，可以判断河北省处于工业化的中期阶段，还存在一些问题有待解决。

7.2.2　河北省生态安全的现状

所谓生态安全，是指一个国家或地区生存和发展所需的生态环境处于不受或少受破坏与威胁的状态，即自然生态环境能满足人类和群落的持续生存与发展需求，而不损害自然生态环境的潜力。生态安全是国家安全和社会稳定的一个重要组成部分。

本章选择与产业紧密相关的两个指标工业废水排放量和第二产业 SO_2 排放量分别代表水体环境、大气环境作为衡量生态安全的指标，来研究生态和产业结构的关系。图 7 - 2 为 2001 ~ 2014 年工业废水排放量和第二产业 SO_2 排放量的变化趋势。

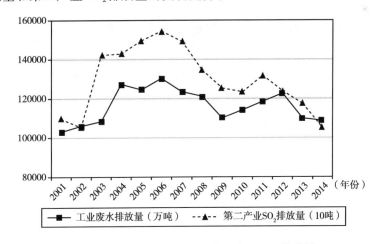

图 7 - 2　河北省工业废水、第二产业 SO_2 排放量

由图 7 - 2 可见，河北的工业废水排放呈 "M" 形的变化趋势，2001～2006 年呈现较大幅度的上升；2006 年以 130340 万吨达到最大值，2006 年之后工业废水排放量呈现先降后升趋势；第二产业 SO_2 排放量从 2002 年开始增长势头迅猛，严重威胁着河北省的空气质量，也是在 2006 年达到峰值 154.5 万吨，总体呈现先升后降的趋势。2006 开始工业废水和第二产业 SO_2 排放量呈现下降趋势，究其原因，是环境保护部和北京市政府为确保 2008 年北京奥运会期间良好的空气质量，联合颁布了第 29 届奥运会质量保护措施，有效地减少了在北京和周边的地区的污染物排放量。河北省的工业废水和第二产业 SO_2 排放量也大幅度下降。2008 年以后排放量又有所上升，但幅度不大。2012 年之后污染物排放量呈下降趋势。河北省工业废水和工业废气的排放量巨大，严重影响地区的生态安全，环境保护任重道远。

7.3　方法与数据来源

7.3.1　DEA 方法与指标选取

数据包络分析（data envelopment analysis，DEA）由美国运筹学家查尼斯（A. Charnes）、库珀（W. W. Cooper）等于 1978 年用线性规划模型来评价具有相同类型的多投入和多产出的决策单元（DMU）的相对效率的一种非参数统计方法。其实质是根据一组关于多输入、多输出的观察值来估计有效生产的前沿面，并据此进行多目标综合效果评价。DEA 方法目前是估算多投入多产出情况下 DMU 单元相对效率和规模收益应用最为广泛的数理方法之一。

DEA 的基本模型为 CCR 和 BCC 模型，CCR 模型是同时针对规模有效性与技术有效性而言的 "总体" 有效性。CCR 模型主要是在假设规模收益不变的情况下用于评价决策单元（DMU）技术效率

（TE）。BCC 模型突破了 CCR 模型固定规模报酬的假设，将决策单元
规模因素纳入效率分析中来，由评价决策单元的技术有效性转为评价
纯技术有效性。把技术效率（TE，也称综合效率）分解成纯技术效
率（PTE）和规模效率（SE）。本章选择利用 CCR 和 BCC 模型计算
河北产业结构的综合技术效率和纯技术效率。

7.3.2　指标选择与数据处理

本章研究的对象为基于生态安全的河北产业结构效率，根据河北
产业结构的实际情况，结合河北所处的经济发展阶段和资源环境特
点，选取反映投入和产出共 5 项指标。选取第一产业水资源消耗 X_1
（亿立方米）、能源消耗总量 X_2（百万吨标准煤）作为能源投入指
标；选取第二产业工业废水排放量 X_3（千万吨）、第二产业 SO_2 排放
量 X_4（万吨）作为环境投入指标；选取河北省 GDP（Y）为产出指
标。本章构建河北省生态安全的产业结构效率评价指标体系，分析在
能源和环境投入的情况下河北省产业结构的相对效率。根据 2001 ~
2014 年《河北省经济年鉴》和《国家统计年鉴》数据选取的样本进
行分析。

7.4　实证结果与分析

本章基于数据包络分析方法的 CCR 模型和 BCC 模型，构建包括
4 个投入指标、1 个产出指标的评估指标体系，应用 DEAP 2.1 软件
对河北产业结构效率进行了评估分析，主要研究和分析近 14 年来基
于生态安全的河北产业结构投入产出绩效和规模收益状况。

首先应用 CCR 模型计算产业结构的综合效率，然后应用 BBC
模型计算产业结构的纯技术效率，利用综合效率 = 纯技术效率 × 规

模效率，计算得到产业结构的规模效率。并根据综合效率和规模收益，得出决策单元 DMU_j 的有效性和规模效益趋势，具体计算结果见表 7 - 1。

表 7 - 1　　　　　　河北产业结构效率及有效性判断结果

年份	综合效率	纯技术效率	规模效率	规模效益趋势	年份	综合效率	纯技术效率	规模效率	规模效益趋势
2001	0.454	1.000	0.454	irs	2009	0.676	0.985	0.686	irs
2002	0.447	1.000	0.447	irs	2010	0.776	0.980	0.791	irs
2003	0.451	1.000	0.451	irs	2011	0.870	0.990	0.879	irs
2004	0.487	1.000	0.487	irs	2012	0.921	0.975	0.944	irs
2005	0.503	0.970	0.518	irs	2013	0.973	1.000	0.973	irs
2006	0.524	0.947	0.553	irs	2014	1.000	1.000	1.000	—
2007	0.575	0.946	0.608	irs	平均值	0.665	0.985	0.675	
2008	0.656	0.991	0.662	irs					

注：" - "表示规模收益不变，"drs"表示规模收益递减，"irs"表示规模收益递增。

从表 7 - 1 可以看出，只有 2014 年的综合效率是 DEA 有效的，其他 13 个年份的综合效率都不是 DEA 有效的。综合效率平均值为 0.665，纯技术效率平均值为 0.985，规模效率平均值为 0.675。可以看出，综合效率的低下主要是由于规模效率值低造成的。根据表 7 - 1 数据把 14 个决策单元分成三个类别：

第一，综合效率值为 1，14 个决策单元中 2014 年的综合效率为 DEA 有效，说明 2014 年的规模和技术是有效的且规模报酬不变，说明能源和环境的投入和产出相比比较合理，产业完全享受到了规模效益和技术效益带来的全部好处，避免了投入多产出少引起的效率损失。

第二，综合效率和规模效率值小于 1，纯技术效率值为 1。这些年份包括 2001 ~ 2004 年、2013 年。这表示在目前的技术水平上，其投入资源的使用是有效率的。2005～2012 年主要是因为产业投入产出规模的不恰当导致了综合效率的低下。

第三，综合效率、纯技术效率和规模效率都小于 1，主要集中在 2005～2012 年，决策单元无效，这是由于资源、环境利用率低下和投入产出规模不当共同造成的。

从规模收益趋势来看，除 2014 年外，其他 13 个年份都是规模收益递增的。单从模型分析的结果判断应加大投入量，但是本模型选取的投入量是资源消耗量和污染物排放量，显而易见不能通过增加投入量使模型达到规模有效，因此重点分析模型的纯技术效率。

对于非 DEA 有效的年份，采用投入导向的 BCC 模型进行生产前沿面投影分析，并计算投入和产出的松弛变量。根据 BCC 模型计算得到投入和产出的松弛变量 s^- 和 s^+，在这里把投入的松弛变量 s^- 定义为投入冗余，把产出的松弛变量 s^+ 定义为产出不足，具体结果如表 7－2 所示。结果显示 2001～2004 年、2013～2014 年的产出不足和投入冗余都为 0。根据表 7－1 和表 7－2 综合分析可知，2001～2004 年、2013～2014 年为 DEA 强有效，说明 2001～2004 年、2013～2014 年不存在投入冗余和产出不足，表示在目前的技术水平上，其资源投入和环境投入的使用是有效率的。其他年份为 DEA 无效，表示资源和环境投入存在冗余，或者是产出存在不足。

表 7－2　　　　河北产业的产出不足与投入冗余

年份	产出不足	投入冗余			
	s^+	s^{-1}	s^{-2}	s^{-3}	s^{-4}
2001	0.000	0.000	0.000	0.000	0.000
2002	0.000	0.000	0.000	0.000	0.000
2003	0.000	0.000	0.000	0.000	0.000
2004	0.000	0.000	0.000	0.000	0.000
2005	18.306	0.000	0.000	0.000	－7.156

续表

年份	产出不足	投入冗余			
	s^+	s^{-1}	s^{-2}	s^{-3}	s^{-4}
2006	23.210	0.000	0.000	-0.788	-10.400
2007	31.366	0.000	0.000	0.000	-9.390
2008	33.278	0.000	0.000	-2.258	-4.418
2009	48.333	0.000	0.000	0.000	-5.551
2010	20.880	0.000	0.000	0.000	0.000
2011	7.719	0.000	0.000	-4.772	-9.193
2012	0.000	0.000	0.000	-10.627	-7.134
2013	0.000	0.000	0.000	0.000	0.000
2014	0.000	0.000	0.000	0.000	0.000

注：s^+、s^{-1}、s^{-2}、s^{-3}、s^{-4}分别为 Y、X_1、X_2、X_3、X_4 的松弛变量。

根据 DEA 理论中的前沿面分析可知，投入指标的松弛变量不全为零，表明所对应的输入要素对经济发展的作用未能充分发挥。非DEA 有效的年份在生产前沿面上的投影是 DEA 有效的。通过利用松弛变量对决策单元的投入和产出指标数据进行调整使其达到 DEA 有效，可以判断 DEA 无效的年份应该怎样调整投入指标。前沿面上的投影点代表其目标值，如果投入的改进值用负数表示，产出的改进值用正数表示，则目标值可以表示为：目标值 = 原始值 + 改进值。无效DMU 的改进值包括两个部分：一是比例改进值；二是松弛改进值，即目标值 = 原始值 + 比例改进值 + 松弛改进值。因为所选模型是基于投入导向的模型，所以投入量的比例改进值为 $x_0 - \theta x_0 = (1 - \theta)x_0$，$x_0$ 为投入变量的原始值，θ 为纯技术效率值，而产出量的比例改进值为 1，松弛值为 s^-、s^+。具体计算如下：

$$\bar{x}_0 = \theta x_0 + s^-, \qquad \bar{y}_0 = y_0 + s^+ \qquad (7-1)$$

其中，$\bar{x}_0$ 为投入变量的目标值，$\bar{y}_0$ 为产出变量的目标值。

以 2011 年、2012 年为例，计算改进目标值，2011 年、2012 年的 DEA 纯技术效率都小于 1，其目标值和改进值如表 7-3 所示。如对于 2011 年，在生产可能集中存在比 2011 年有效的决策单元，第一产业水资源消耗 X_1 可以减少 1.416 亿立方米，能源消耗总量 X_2 可以减少 283 万吨标准煤，第二产业工业废水排放量 X_3 可以减少 5967 万吨，第二产业 SO_2 排放量 X_4 可以减少 10.521 万吨，并且 GDP 可以增加 771.9 亿元。对于 2012 年，在 GDP 不变化的基础上，第一产业水资源消耗 X_1 可以减少 3.544 亿立方米，能源消耗总量 X_2 可以减少 713.1 万吨标准煤，工业废水排放量 X_3 可以减少 1368.8 万吨，第二产业 SO_2 排放量 X_3 可以减少 10.206 万吨。

表 7 - 3　2011 年、2012 年河北产业结构在 DEA 相对有效面上的投影

输出输入指标	2011 年				2012 年			
	原始值	比例改进值	松弛改进值	目标值	原始值	比例改进值	松弛改进值	目标值
Y_1（10^2亿元）	245.158	0.000	7.719	252.877	265.750	0.000	0.000	265.750
X_1（亿立方米）	140.490	- 1.416	0.000	139.074	142.940	- 3.544	0.000	139.396
X_2（10^2万吨标准煤）	280.750	- 2.830	0.000	277.920	287.625	- 7.131	0.000	280.494
X_3（10^3万吨）	118.505	- 1.195	- 4.772	112.538	122.645	- 3.041	- 10.627	108.977
X_4（万吨）	131.710	- 1.328	- 9.193	121.189	123.874	- 3.071	- 7.134	113.668

首先分析无效决策单元投入量和产出量需要调整的比例，然后从调整比例的大小来判断指标对决策单元效率的影响。正值代表可以增加的比例，负值代表可以减少的比例，分析结果见表 7 - 4。结果显示，2011 年第一产业水资源消耗可以减少 1%，能源消耗总量可以减少 1%；第二产业工业废水排放量可以减少 5%，第二产业 SO_2 排放量可以减少 8%，并且 GDP 可以增加 8%。2012 年在 GDP 不变化的基础上，第一产业水资源消耗可以减少 2%，能源消耗总量可以减少 2%；第二产业工业废水排放量可以减少 11%，SO_2 排放量可以减少 8%。从平均值来判断，可以看出无效年份第二产业工业废水排放量

年均可以减少 4.5%，第二产业 SO_2 排放量可以减少 7.5%，可以调整的空间较大。这些是影响决策单元效率的主要因素。

表 7 - 4　　　　　无效年份投入产出的调整比例　　　单位：%

指标＼年份	2005	2006	2007	2008	2009	2010	2011	2012	平均值
Y_1	18	20	23	21	28	10	3	0	15.4
X_1	-3	-5	-5	-1	-1	-2	-1	-2	-2.5
X_2	-3	-5	-5	-1	-1	-2	-1	-2	-2.5
X_3	-3	-6	-5	-3	-1	-2	-5	-11	-4.5
X_4	-8	-12	-12	-4	-6	-2	-8	-8	-7.5

分析表 7 - 4 可以得出，DEA 无效的年份资源投入没有得到充分利用，环境投入存在投入冗余，可下降幅度较大。这就要求企业改进技术，提高资源利用效率，降低污染物排放量，从而进一步改善生态发展水平。

7.5　小　　结

（1）从综合效率来看，河北省 2014 年综合效率为 1，处于相对有效状态，2001~2013 年的综合效率值都小于 1，产业发展处于无效率的状态，投入产出不平衡。从规模收益变化趋势来看，无效年份的规模收益呈现递增的趋势。

（2）2001~2004 年、2013~2014 年纯技术效率为 1，2005~2012 年纯技术效率小于 1，并且存在投入冗余和产出不足。说明这些年份的技术和管理水平有待提高。

（3）从 BBC 模型的无效年份需调整的比例可以得出，作为资源投入的第一产业水资源和能源投入量可以减少 2.5%，作为环境投入的第二产业工业废水排放量和第二产业 SO_2 排放量分别可以下调

4.5%和7.5%。由此可以看出环境投入是影响结构效率的主要因素。

　　综上所述，由于技术效率的欠佳、规模效益的未充分利用以及较低的资源利用效率，使得河北省环境投入量较大，资源投入也存在投入冗余，由此导致基于生态安全的河北产业结构效率较低。究其原因，是河北省第二产业比重较大，并且资源型产业、高耗能产业所占比例较大。因此，要实现经济的可持续发展，就必须转变经济发展方式，推动经济发展方式由资源型型向集约型转变。

第8章　结论及展望

8.1 结 论

随着区域经济的快速增长和我国资源耗竭、环境恶化的矛盾日益加大,区域经济与资源环境协调可持续发展已经成为我国管理者和学术界共同关注的一个重要课题。而区域生态效率则是区域经济与资源环境协调可持续发展一个重要有效度量,因此,对区域生态效率的研究具有一定的理论意义和现实指导意义。本书首先对我国区域生态效率、区域差异和收敛性进行研究,然后以京津冀区域 13 个地区作为研究对象,运用超效率 SBM 模型分析京津冀区域的生态效率,通过分析得到如下结论。

(1)本书运用包含非期望产出的三阶段 DEA 模型对中国 2011 ~ 2015 年区域生态效率进行了评价,并分析了生态效率值的外部环境影响因素。主要结论如下:

①外部环境和统计噪声对生态效率存在显著的影响。在外部环境因素中,第二产业的比例是生态效率的不利因素,所以应该减少第二产业的比例,提高第二产业的资源环境利用率,大力发展第三产业。环境治理投资总额与各投入变量的回归系数为正值,说明当环境治理投资总额增加时,投入变量反而会增加,生态效率值会降低,与理论预期不符。说明环保财政支出并没有对生态效率起到应有的促进作用,存在投入浪费的现象,因此必须加强对环保支出的统一管理,提高其配置效率。人均民用汽车拥有量和各投入变量的回归系数为负值,说明当人均民用汽车拥有量增加时,生态效率反而会提高。

②对比第一阶段和第三阶段的生态效率,调整前后各省区市生态效率发生了明显的变化。剔除外部环境变量和随机因素的影响后,全国的平均技术效率由 0.345 上升至 0.483,平均纯技术效率由 0.525 上升至 0.623,而平均规模效率则由 0.724 上升至 0.790。说明外部

环境因素和统计噪声确实对生态效率产生了重要的影响,利用包含非期望产出的三阶段 DEA 模型得到的效率值更能反映各省区市实际的生态效率水平。

③以 0.8 的效率值为临界点把中国各省区市生态效率分为四种类型,即"双高型""高低型""低高型"和"双低型"。对于"双高型"地区,纯技术效率和规模效率都比较高,提升空间有限;对于"高低型"地区,重点应提高其规模效率,使其生产规模达到最优规模;对于"低高型"地区,应提高其纯技术效率,即提高生产技术管理水平;对于"双低型"地区,纯技术效率和规模效率都较低,应分别进行管理水平的提高或生产规模的扩大,从而改善生态效率。

(2)根据区域生态效率差异性分析得出的以下结论。

①从全国层面来看,我国区域生态效率水平在空间分布上大致呈现从东到西逐步降低的梯度分布格局,同时生态效率分布具有明显的"俱乐部集群现象":以京津地区和以上海、江浙为代表的东部经济发达地区是高水平生态效率聚集地;第二梯队多集中在东北和中部内陆各省区市;新疆、青海、甘肃、内蒙古等西部内陆地区是第三梯队聚集地。从变化趋势上看,我国生态效率水平总体上呈逐年递增的趋势。

②从四大区域对比分析来看,东部地区生态效率水平远高于其他三个子区域,东北地区和中部地区生态效率水平相差不大,西部地区由于其经济发展落后,工业化水平低,其生态效率水平在四大区域中是最低的。从变化趋势来看,东部、东北、中部、西部四大区域生态效率水平都在逐年递增,说明我国四大区域生态效率水平在逐渐改善,经济发展与资源环境的协调性越来越好。

(3)根据区域生态效率动态变化分析得出的主要结论。

从 ML 指数及其分解可以看出,中国平均全要素生态效率呈上升趋势,2011~2015 年 ML 指数均值为 1.027,说明中国全要素生态效率每年平均增长率是 2.7%，根据 ML 指数的分解因子效率改进指数与技术进步指数来看，技术进步每年平均增长率是 4%，效率改进指数年平均增长率是 −1.6%，除 2011~2012 年外，其他年份的技术效率变化都小于 1，说明技术效率逐年降低。由此可以判断，全要素生态效率的增长主要是由技术进步贡献的。

（4）根据区域生态效率收敛性分析得出的主要结论。

①整体上我国区域生态效率呈现"整体收敛，局部发散"态势。从全国层面来看，2011~2015 年我国生态效率区域差异逐年减小，存在 σ 收敛的趋势。东北三省和西部地区生态效率呈现 σ 收敛态势；东部和中部地区生态效率差异呈 σ 收敛—发散—收敛的波动变化趋势。说明我国生态效率发展水平区域差异逐渐减小，区域发展越来越一致。

②我国全国层面和东、中、西部地区的区域生态效率均存在绝对 β 收敛，说明全国层面和东部、中部、西部三大区域的生态效率增长速度与生态效率水平之间存在负相关关系，生态效率趋于均衡化发展，而东北地区生态效率呈现出显著的发散态势。

（5）通过分析 2012~2016 年京津冀区域 13 个地区的生态效率，得出以下结论：

①从时序变化的角度看，北京、天津、秦皇岛和廊坊等 4 个地区的生态效率呈现波动趋势，且波动较小；石家庄、邢台、张家口和衡水等 4 个地区的生态效率呈增长趋势；唐山、邯郸、保定、承德和沧州 5 个地区的生态效率逐年下降，其中保定在 2015 年、2016 年和承德在 2016 年下降幅度较大，都从前一年的生态效率相对有效变为无效状态。

②从 5 年的生态效率均值看，可以把 13 个地区分成三类，分别为高生态效率、中生态效率和低生态效率区域。13 个地区的生态效率存在显著的空间差异，北京、天津和沿海地区生态效率较高，冀中南部和张家口生态效率偏低，在一定程度上表现出空间集聚。

8.2 研究不足和展望

本书在前人研究的基础上，对我国区域生态效率进行了评价，分析了生态效率的区域差异、影响因素和收敛特征，在区域生态效率研究领域取得了一些成果，然而本书属于对该论题初步的尝试性研究，鉴于本人研究时间和能力的局限，尚存在许多不完善之处：

（1）区域生态效率评价中对定性指标科学性的验证。本书第 4 章提出区域生态效率评价指标体系，从资源投入和环境投入两个方面选取指标，通过借鉴已有文献的研究指标体系，结合本人对生态效率内涵的理解，认为生态效率刻画的是自然资本和环境资本效率，但是在指标体系构建时，限于统计资料的局限性，土地资源、酸性气体、温室气体指标没有考虑在内，对于反映经济—资源—环境系统特性的指标尚有待进一步完善。

（2）影响因素研究不够完整。由于目前在学术界对区域生态效率影响因素的研究还没有形成完整的研究体系，本书在研究影响因素时只是借鉴相关文献，从生态效率的内涵和评价指标出发，从三个方面选取区域生态效率的影响因素指标，分析影响因素对区域生态效率的影响机理，本书相信影响区域生态效率的因素不仅仅局限于本书研究的框架。

（3）在政策建议上，还有待更有针对性和实践性。本书提出的政策建议还比较宏观，今后的研究可以根据特定的历史发展阶段和不同区域的不同特点，提出更有针对性地促进我国区域生态效率水平提升和均衡发展的政策安排。

本书有待在以下几个方面做进一步深化研究：

（1）本书对三阶段 DEA 模型的改进，主要是在第一阶段运用包含非期望产出的 SBM 模型，但是在第二阶段进行 SFA 回归时，虽然使用的是面板数据，可是并没有对其进行随机效应和固定效应的分析，这也是本书研究的不足，利用面板数据进行截尾 SFA 回归分析时，如何进一步分析随机效应和固定效应是需要进一步研究的问题。

（2）中国区域生态效率收敛机理的进一步研究。本书运用面板数据分析模型研究了我国区域生态效率的收敛机理，但限于本人时间有限，没有考虑生态效率增长率的空间效应和空间集聚状况，下一步的研究须将空间效应纳入研究框架对区域生态效率收敛机理做进一步深化研究。

附　录

全国生态效率评价指标原始数据

附表 1

地区	GDP 平减（2011 年平减）（亿元）	从业人员数（万人）	全社会固定资产投资 Total（亿元）	用水总量（亿立方米）	能源消费量（万吨标煤）	城市建设用地面积（平方千米）	化学需氧量（万吨）	二氧化硫（万吨）	一般工业固体废物产生量（万吨）
北京	16251.93	1069.70	5578.93	35.20	6995.40	1425.87	19.32	9.79	1125.59
天津	11307.28	763.16	7067.67	22.49	7598.45	710.60	23.58	23.09	1752.22
河北	24515.76	3962.42	16389.33	193.68	29498.29	1625.16	138.88	141.21	45128.51
山西	11237.55	1738.89	7073.06	63.78	18315.12	878.41	48.96	139.91	27555.90

续表

地区	GDP平减（2011年平减）	从业人员数（万人）	全社会固定资产投资 Total（亿元）	用水总量（亿立方米）	能源消费量（万吨标煤）	城市建设用地面积（平方千米）	化学需氧量（万吨）	二氧化硫（万吨）	一般工业固体废物产生量（万吨）
内蒙古	14359.88	1249.30	10365.17	181.90	18736.91	1179.53	91.90	140.94	23584.11
辽宁	22226.70	2364.88	17726.29	143.67	22712.20	2249.09	134.34	112.62	28269.61
吉林	10568.83	1337.78	7441.71	120.04	9103.04	1203.80	82.47	41.32	5378.59
黑龙江	12582.00	1977.80	7475.38	325.00	12118.50	1722.14	157.65	52.19	6016.68
上海	19195.69	1104.33	4962.07	126.29	11270.48	2886.00	24.90	24.01	2442.20
江苏	49110.27	4758.23	26692.62	552.19	27588.97	3552.61	124.62	105.38	10475.50
浙江	32318.85	3674.11	14185.28	203.04	17827.27	2263.41	81.83	66.20	4445.75
安徽	15300.65	4120.90	12455.69	293.12	10570.23	1565.01	95.33	52.95	11473.25
福建	17560.18	2459.99	9910.89	202.45	10652.60	1076.98	67.94	38.92	4414.89
江西	11702.82	2532.60	9087.60	239.75	6928.17	986.44	76.79	58.41	11372.43
山东	45361.85	6485.60	26749.68	222.47	37132.00	3680.66	198.25	182.74	19532.59
河南	26931.03	6198.00	17768.95	224.61	23061.88	2019.26	143.67	137.05	14573.83
湖北	19632.26	3672.00	12557.34	287.99	16579.23	2042.57	110.47	66.56	7595.79

续表

地区	GDP平减 (2011年 平减)	从业人员数 (万人)	全社会固定 资产投资 Total (亿元)	用水总量 (亿立方米)	能源消费量 (万吨标煤)	城市建设 用地面积 (平方千米)	化学需氧量 (万吨)	二氧化硫 (万吨)	一般工业固体 废物产生量 (万吨)
湖南	19669.56	4005.03	11880.92	325.17	16160.86	1474.90	130.52	68.55	8486.74
广东	53210.28	5960.74	17069.20	469.01	28479.99	4172.38	188.45	84.77	5848.91
广西	11720.87	2936.00	7990.66	301.58	8591.36	931.56	79.33	52.10	7438.11
海南	2522.66	459.22	1657.23	44.35	1600.62	267.91	19.99	3.26	420.76
重庆	10011.37	1585.16	7473.38	86.39	8791.96	945.48	41.68	58.69	3299.18
四川	21026.68	4785.47	14222.22	230.27	19696.19	1745.51	130.23	90.20	12684.47
贵州	5701.84	1792.80	4235.92	101.45	9067.85	524.22	34.22	110.43	7598.24
云南	8893.12	2857.24	6191.00	147.47	9540.28	887.48	55.47	69.12	17335.30
陕西	12512.30	2059.00	9431.08	83.40	9760.77	706.48	55.77	91.68	7117.63
甘肃	5020.37	1500.26	3965.79	121.82	6495.78	615.37	39.66	62.39	6523.79
青海	1670.44	309.18	1435.58	30.77	3189.03	121.68	10.32	15.66	12017.17
宁夏	2102.21	339.60	1644.74	72.37	4316.33	312.95	23.37	41.04	3344.12
新疆	6610.05	953.34	4632.14	535.08	9926.50	932.95	67.29	76.31	5219.09

续表

年份：2012

地区	GDP平减（2011年平减）（亿元）	从业人员数（万人）	全社会固定资产投资 Total（亿元）	用水总量（亿立方米）	能源消费量（万吨标煤）	城市建设用地面积（平方千米）	化学需氧量（万吨）	二氧化硫（万吨）	一般工业固体废物产生量（万吨）
北京	17508.52	1107.30	6112.37	35.88	7177.68	1445.01	18.65	9.38	1104.05
天津	12873.33	830.14	7934.78	23.13	8208.01	722.14	22.94	22.45	1820.00
河北	26876.03	4085.74	19661.28	195.33	30250.21	1609.33	134.91	134.12	45575.83
山西	12377.39	1790.17	8863.26	73.39	19335.59	944.09	47.68	130.18	29031.50
内蒙古	16005.88	1304.90	11875.74	184.35	19785.71	1198.84	88.39	138.49	24225.63
辽宁	24348.49	2423.82	21836.28	142.23	23526.40	2261.31	130.59	105.87	27279.74
吉林	11834.26	1355.90	9511.54	129.82	9443.04	1209.78	78.75	40.35	4730.89
黑龙江	13843.37	2027.80	9694.75	358.90	12757.80	1747.71	149.88	51.43	6312.55
上海	20626.77	1115.50	5117.62	115.98	11362.15	2904.25	24.26	22.82	2198.81
江苏	54085.43	4759.53	30854.24	552.24	28849.84	3701.86	119.70	99.20	10224.44
浙江	34898.70	3691.24	17649.36	198.12	18076.18	2246.68	78.62	62.58	4461.42
安徽	17152.48	4206.80	15425.83	292.64	11357.95	1682.02	92.43	51.96	12022.34
福建	19570.08	2568.93	12439.94	200.08	11185.44	1126.05	66.00	37.13	7719.54
江西	12984.40	2556.00	10774.16	242.54	7232.92	1034.27	74.83	56.77	11133.60
山东	49789.46	6554.30	31255.98	221.79	38899.25	3854.39	192.12	174.88	18342.59

续表

地区	GDP平减（2011年平减）	从业人员数（万人）	全社会固定资产投资 Total（亿元）	用水总量（亿立方米）	能源消费量（万吨标煤）	城市建设用地面积（平方千米）	化学需氧量（万吨）	二氧化硫（万吨）	一般工业固体废物产生量（万吨）
河南	29663.46	6288.00	21450.00	238.61	23647.11	2083.42	139.36	127.59	15250.47
湖北	21840.89	3687.00	15578.29	299.29	17674.66	2126.73	108.66	62.24	7610.94
湖南	21884.02	4019.31	14523.24	328.80	16744.08	1430.16	126.34	64.50	8115.92
广东	57549.84	5965.95	18751.47	451.02	29144.01	4083.37	180.29	79.92	5965.49
广西	13041.12	2768.30	9808.61	303.01	9154.50	1029.77	78.03	50.41	7963.96
海南	2753.01	483.90	2145.38	45.33	1687.98	253.38	19.74	3.41	385.72
重庆	11368.01	1633.14	8736.17	82.94	9278.41	859.47	40.28	56.48	3114.89
四川	23665.74	4798.30	17039.98	245.92	20575.00	1855.64	126.87	86.44	13187.30
贵州	6475.30	1825.82	5717.80	100.82	9878.38	555.53	33.30	104.11	7835.25
云南	10045.65	2881.90	7831.13	151.83	10433.68	846.58	54.86	67.22	16037.59
陕西	14120.99	2061.00	12044.55	88.04	10625.71	776.18	53.62	84.38	7215.11
甘肃	5650.74	1491.59	5145.03	123.07	7007.04	642.69	38.93	57.25	6671.17
青海	1875.11	310.89	1883.42	27.41	3524.06	121.98	10.38	15.39	12301.16
宁夏	2343.93	344.50	2096.86	69.35	4562.39	332.94	22.80	40.66	2960.67
新疆	7400.58	1010.44	6158.78	590.14	11831.39	954.07	67.92	79.61	7879.72

续表

年份：2013

地区	GDP平减（2011年平减）（亿元）	从业人员数（万人）	全社会固定资产投资 Total（亿元）	用水总量（亿立方米）	能源消费量（万吨标煤）	城市建设用地面积（平方千米）	化学需氧量（万吨）	二氧化硫（万吨）	一般工业固体废物产生量（万吨）
北京	18856.68	1141.00	6847.06	36.38	6723.90	1504.79	17.85	8.70	1044.12
天津	14482.50	847.46	9130.25	23.76	7881.83	736.35	22.15	21.68	1592.11
河北	29079.87	4183.93	23194.23	191.29	29664.38	1651.51	130.99	128.47	43288.78
山西	13478.98	1844.20	11031.89	73.77	19761.45	972.65	46.13	125.54	30520.46
内蒙古	17446.41	1408.20	14217.38	183.22	17681.37	1187.54	86.32	135.87	20080.59
辽宁	26466.81	2518.88	25107.66	142.13	21720.85	2407.63	125.26	102.70	26759.45
吉林	12816.50	1415.43	9979.26	131.48	8645.40	1263.97	76.12	38.15	4591.13
黑龙江	14950.84	2060.39	11453.08	362.30	11853.34	1763.68	144.73	48.91	6094.49
上海	22215.03	1137.35	5647.79	123.21	11345.69	2915.56	23.56	21.58	2054.49
江苏	59277.63	4759.89	36373.32	576.69	29205.38	3874.49	114.89	94.17	10855.87
浙江	37760.39	3708.73	20782.11	198.33	18640.16	2413.15	75.51	59.34	4299.58
安徽	18936.34	4275.90	18621.90	296.02	11696.39	1763.15	90.27	50.13	11936.74
福建	21722.79	2555.86	15327.44	204.83	11189.91	1174.97	63.90	36.10	8535.17
江西	14295.82	2588.70	12850.25	264.81	7582.94	1086.22	73.45	55.77	11518.19
山东	54569.24	6580.40	36789.07	217.95	35357.59	3828.28	184.57	164.50	18172.44

续表

地区	GDP平减（2011年平减）	从业人员数（万人）	全社会固定资产投资 Total（亿元）	用水总量（亿立方米）	能源消费量（万吨标煤）	城市建设用地面积（平方千米）	化学需氧量（万吨）	二氧化硫（万吨）	一般工业固体废物产生量（万吨）
河南	32333.17	6386.57	26087.46	240.57	21909.09	2143.61	135.42	125.40	16270.08
湖北	24046.82	3692.00	19307.33	291.80	15703.13	2062.08	105.82	59.94	8180.61
湖南	24094.30	4036.45	17841.40	332.49	14918.51	1444.65	124.90	64.13	7805.68
广东	62441.58	6117.68	22308.39	443.16	28479.70	4000.64	173.39	76.19	5911.84
广西	14371.31	2782.26	11907.67	308.16	9100.37	1099.40	75.94	47.20	7675.64
海南	3025.56	514.56	2697.93	43.16	1720.33	288.13	19.44	3.24	414.89
重庆	12766.27	1683.51	10435.24	83.90	8049.30	920.55	39.18	54.77	3161.80
四川	26032.31	4817.31	20326.11	242.47	19212.01	2003.67	123.20	81.67	14006.62
贵州	7284.71	1864.21	7373.60	92.00	9298.54	600.71	32.82	98.64	8194.05
云南	11261.17	2912.36	9968.30	149.71	10072.09	790.68	54.72	66.31	16039.97
陕西	15674.30	2058.00	14884.15	89.21	10610.48	885.04	51.93	80.62	7491.10
甘肃	6261.02	1504.97	6527.94	121.99	7286.72	657.79	37.91	56.20	5907.22
青海	2077.62	314.21	2361.09	28.20	3768.16	149.39	10.34	15.67	12377.39
宁夏	2573.64	351.30	2651.14	72.13	4780.50	356.65	22.19	38.97	3276.85
新疆	8214.64	1096.59	7732.30	588.04	13631.79	1050.52	67.24	82.94	9283.05

续表

年份：2014

地区	GDP平减（2011年平减）（亿元）	从业人员数（万人）	全社会固定资产投资Total（亿元）	用水总量（亿立方米）	能源消费量（万吨标煤）	城市建设用地面积（平方千米）	化学需氧量（万吨）	二氧化硫（万吨）	一般工业固体废物产生量（万吨）
北京	20233.21	1156.70	6924.23	37.49	6831.23	1586.39	16.88	7.89	1020.76
天津	15935.97	877.21	10518.19	24.09	8145.06	786.80	21.43	20.92	1734.62
河北	30970.06	4202.66	26671.92	192.82	29320.21	1719.10	126.85	118.99	41927.59
山西	14139.45	1862.30	12354.53	71.37	19862.76	1034.25	44.13	120.82	30198.69
内蒙古	18807.15	1485.40	17591.83	182.01	18309.06	1265.68	84.77	131.24	23191.30
辽宁	28001.88	2562.23	24730.80	141.77	21803.38	2444.94	121.70	99.46	28666.32
吉林	13649.58	1447.17	11339.62	132.98	8559.79	1281.82	74.30	37.23	4944.11
黑龙江	15789.47	2079.70	9828.99	364.13	11954.90	1773.74	142.39	47.22	6312.27
上海	23770.08	1365.63	6016.43	105.92	11084.63	3100.00	22.44	18.81	1924.79
江苏	64434.79	4760.83	41938.62	591.29	29863.03	4067.87	110.00	90.47	10924.73
浙江	40639.40	3714.15	24262.77	192.87	18826.42	2532.02	72.54	57.40	4541.72
安徽	20678.51	4311.00	21875.58	272.09	12011.02	1830.06	88.56	49.30	12000.00
福建	23873.35	2648.51	18177.86	205.63	12109.72	1208.14	62.98	35.60	4834.90
江西	15682.51	2603.30	15079.26	259.30	8055.36	1123.46	72.01	53.44	10821.21
山东	59316.77	6606.50	42495.55	214.52	36510.99	4278.53	178.04	159.02	19199.44

续表

地区	GDP平减（2011年平减）（亿元）	从业人员数（万人）	全社会固定资产投资 Total（亿元）	用水总量（亿立方米）	能源消费量（万吨标煤）	城市建设用地面积（平方千米）	化学需氧量（万吨）	二氧化硫（万吨）	一般工业固体废物产生量（万吨）
河南	35197.68	6520.03	30782.17	209.28	22889.93	2232.91	131.87	119.82	15917.40
湖北	26374.55	3687.50	22915.30	288.34	16320.26	2422.71	103.31	58.38	8006.35
湖南	26376.70	4044.13	21242.92	332.41	15316.84	1479.54	122.90	62.37	6933.77
广东	67289.30	6183.23	26293.93	442.54	29593.26	4415.55	167.06	73.01	5665.09
广西	15593.26	2795.00	13843.22	307.60	9515.34	1141.25	74.40	46.66	8037.55
海南	3282.73	543.10	3112.23	45.02	1819.93	258.33	19.60	3.26	515.42
重庆	14157.80	1696.94	12285.42	80.47	8592.73	1028.82	38.64	52.69	3067.78
四川	28245.06	4833.00	23318.57	236.87	19878.66	2138.49	121.63	79.64	14246.37
贵州	8071.46	1909.69	9025.75	95.31	9708.78	635.65	32.67	92.58	7394.22
云南	12173.33	2962.25	11498.53	149.41	10454.83	910.52	53.38	63.67	14480.63
陕西	17194.70	2067.00	17191.92	89.81	11222.46	946.44	50.49	78.10	8682.50
甘肃	6817.34	1519.86	7884.13	120.57	7521.45	756.59	37.32	57.56	6140.54
青海	2268.76	317.30	2861.23	26.34	3991.70	156.47	10.50	15.43	12423.29
宁夏	2779.53	357.20	3173.79	70.31	4946.10	376.37	21.98	37.71	3693.91
新疆	9036.11	1135.24	9447.74	581.82	14926.08	1110.06	67.02	85.30	7789.67

续表

年份：2015

地区	GDP平减（2011年平减）	从业人员数（万人）	全社会固定资产投资 Total（亿元）	用水总量（亿立方米）	能源消费量（万吨标煤）	城市建设用地面积（平方千米）	化学需氧量（万吨）	二氧化硫（万吨）	一般工业固体废物产生量（万吨）
北京	21629.31	1186.10	7495.99	38.20	6853.00	1454.69	16.15	7.12	710.00
天津	17418.66	896.80	11831.99	25.70	8260.00	870.18	20.91	18.59	1546.00
河北	33076.02	4212.50	29448.27	187.20	29395.00	1816.10	120.81	110.84	35372.00
山西	14577.77	1872.80	14074.15	73.60	19384.00	1079.30	40.51	112.06	31794.00
内蒙古	20254.41	1463.70	13702.22	185.80	18927.00	1164.76	83.56	123.09	26669.00
辽宁	28841.94	2409.90	17917.89	140.80	21667.00	2405.24	116.75	96.88	32434.00
吉林	14509.50	1480.60	12705.29	133.60	8142.00	1330.14	72.42	36.29	5385.00
黑龙江	16683.05	2034.50	10182.95	355.30	12126.00	1788.87	139.27	45.63	7495.00
上海	25419.74	1361.51	6352.70	103.80	11387.00	3115.00	19.88	17.08	1868.00
江苏	69933.12	4758.50	46246.87	574.50	30235.00	4207.60	105.46	83.51	10701.00
浙江	43873.81	3733.65	27323.32	186.10	19610.00	2469.74	68.32	53.78	4486.00
安徽	22479.96	4342.10	24385.97	288.70	12332.00	1920.12	87.11	48.01	13058.96
福建	26021.95	2768.41	21301.38	201.30	12180.00	1346.58	60.94	33.79	4956.00
江西	17109.62	2615.78	17388.13	245.80	8440.00	1231.02	71.56	52.81	10777.00
山东	64032.98	6632.50	48312.44	212.80	37945.00	4407.70	175.76	152.57	19798.00

续表

地区	GDP平减(2011年平减)	从业人员数（万人）	全社会固定资产投资 Total（亿元）	用水总量（亿立方米）	能源消费量（万吨标煤）	城市建设用地面积（平方千米）	化学需氧量（万吨）	二氧化硫（万吨）	一般工业固体废物产生量（万吨）
河南	38119.09	6636.00	35660.35	222.80	23161.00	2363.14	128.72	114.43	14722.00
湖北	28708.71	3658.00	26563.90	301.30	16404.00	2045.85	98.61	55.14	7750.00
湖南	28618.72	3980.30	25045.08	330.40	15469.00	1483.37	120.77	59.55	7126.00
广东	72669.48	6219.31	30343.03	443.10	30145.00	4958.73	160.69	67.83	5609.00
广西	16856.31	2820.00	16227.78	299.30	9761.00	1229.79	71.12	42.12	6977.00
海南	3538.79	555.77	3451.22	45.80	1938.00	398.70	18.79	3.23	422.00
重庆	15715.15	1707.37	14353.24	79.00	8934.00	1115.93	37.98	49.58	2828.00
四川	30476.42	4847.01	25525.90	265.50	19888.00	2226.67	118.64	71.76	12316.00
贵州	8935.11	1946.65	10945.54	97.50	9948.00	702.18	31.83	85.30	7055.00
云南	13232.40	2942.49	13500.62	150.10	10357.00	975.18	51.03	58.37	14109.00
陕西	18545.24	2071.00	18582.24	91.20	11716.00	1037.89	48.91	73.50	9330.00
甘肃	7368.20	1535.69	8754.23	119.20	7523.00	771.42	36.57	57.06	5824.00
青海	2454.80	321.40	3210.63	26.80	4314.00	173.10	10.43	15.08	14868.00
宁夏	3002.00	362.20	3505.45	70.40	5405.00	384.45	21.10	35.76	3430.00
新疆	9831.28	1195.06	10813.03	577.20	15651.00	1166.74	66.03	77.83	7263.00

附表 2

京津冀区域生态效率评价原始数据

年份：2012

地区	X_1 从业人员数（万人）	X_2 全社会固定资产投资（万元）	X_3 用水总量（万吨）	X_4 规模以上工业企业能源消耗（万吨标准煤）	Y_g 地区GDP（万元）	Y_{u_1} 工业废水排放量（万吨）	Y_{u_2} 工业二氧化硫排放量（吨）
北京	717.4	64165795	159646	6564.10	178794000	9190	59330
天津	289.1	83402588	77218	7325.56	128938800	19117	215481
石家庄市	90.7	36733348	33531	2959.76	45002098	31058	179942
唐山市	95.6	30171685	26170	7290.94	58616363	19396	313051
秦皇岛市	33.5	7237352	12920	766.75	11393664	6055	71727
邯郸市	64.5	22921322	16537	3445.42	30242864	5906	202792
邢台市	44.9	11864656	6764	1254.74	15320620	14806	99770
保定市	101.0	18884450	9338	817.44	27209000	15774	75312
张家口市	40.3	11630791	8384	1061.84	12335529	6263	82994
承德市	26.4	9967514	5907	859.51	11819213	1421	83407
沧州市	52.4	18918681	3794	1058.97	28124212	11666	44476
廊坊市	42.1	12821172	4833	616.81	17943291	5616	51098
衡水市	29.1	6399496	3327	325.34	10110263	4684	34169

续表

年份：2013

地区	X₁ 从业人员数（万人）	X₂ 全社会固定资产投资（万元）	X₃ 用水总量（万吨）	X₄ 规模以上工业企业能源消耗（万吨标准煤）	Yg 地区 GDP（万元）	Yu₁ 工业废水排放量（万吨）	Yu₂ 工业二氧化硫排放量（吨）
北京	742.3	69826696	189386	6723.90	195005600	9486	52041
天津	302.4	100910313	78631	7881.83	143701600	18692	207793
石家庄市	92.9	41862462	35081	2985.56	48636583	27753	181532
唐山市	96.7	35758674	25979	7474.34	61212139	12589	282806
秦皇岛市	34.2	7702882	11288	748.27	11687549	6156	72501
邯郸市	80.4	26612310	14258	3515.62	30615043	7125	184980
邢台市	45.7	14177624	8146	1203.23	16045756	14318	91811
保定市	99.9	19054763	9596	891.43	29043115	14271	79253
张家口市	39.0	12719294	8384	1106.99	13169971	6032	77689
承德市	30.3	12020958	5497	914.62	12720917	1638	72424
沧州市	52.4	22921444	3919	1081.38	30129850	8925	40689
廊坊市	43.9	15413137	4791	640.47	19431340	5066	48607
衡水市	29.6	7872647	2317	333.88	10702335	5659	32996

续表

年份：2014

地区	X₁ 从业人员数（万人）	X₂ 全社会固定资产投资（万元）	X₃ 用水总量（万吨）	X₄ 规模以上工业企业能源消耗（万吨标准煤）	Yg 地区GDP（万元）	Yu₁ 工业废水排放量（万吨）	Yu₂ 工业二氧化硫排放量（吨）
北京	755.86	75114785	182419	6831.23	1586	213308300	9174
天津	299.96	116262649	81249	8145.06	780	157269300	19011
石家庄市	100.56	48839608	19098	2848.45	263	51702653	24024
唐山市	93.66	41462408	28123	7225.84	210	62253023	13973
秦皇岛市	33.87	7916533	19245	748.69	103	12000219	6273
邯郸市	80.49	30907369	14633	3385.28	124	30800054	6388
邢台市	46.07	16470795	5206	1187.79	90	16469408	14323
保定市	105.70	23864816	8796	821.06	139	30352036	14200
张家口市	38.06	14020061	8352	1090.48	85	13489726	6204
承德市	29.92	14027065	4978	927.32	66	13425500	1560
沧州市	53.07	27289276	3952	1111.95	68	31333822	9490
廊坊市	45.23	13299134	5001	674.20	66	21759631	5149
衡水市	29.53	9451687	2464	322.16	43	11491345	4966

续表

年份：2015

地区	X₁ 从业人员数（万人）	X₂ 全社会固定资产投资（万元）	X₃ 用水总量（万吨）	X₄ 规模以上工业企业能源消耗（万吨标准煤）	Yg 地区GDP（万元）	Yu₁ 工业废水排放量（万吨）	Yu₂ 工业二氧化硫排放量（吨）
北京	777.34	79409699	182547	6852.55	230145900	8978	22070
天津	294.78	130480000	85260	8260.13	165381900	18973	154605
石家庄市	100.32	56898536	49410	2773.25	54405988	21964	113652
唐山市	89.44	45438766	28841	7182.77	61030601	11914	214723
秦皇岛市	32.84	8743325	10659	713.54	12504439	7264	46689
邯郸市	77.17	34433153	15050	3395.01	31454319	6101	110193
邢台市	44.97	18258871	4583	1166.84	17647323	11979	76035
保定市	99.83	24247278	12735	795.27	30003400	10913	49850
张家口市	37.61	15542319	8352	1025.16	13635443	4573	61858
承德市	29.94	15119742	6032	963.09	13587278	1373	55393
沧州市	52.57	31032564	3782	1271.66	33206328	8926	32712
廊坊市	44.45	21338117	4515	687.82	24738649	4549	38390
衡水市	29.52	10855073	2664	295.24	12200080	4554	29919

续表

年份：2016

地区	X₁从业人员数（万人）	X₂全社会固定资产投资（万元）	X₃用水总量（万吨）	X₄规模以上工业企业能源消耗（万吨标准煤）	Yg地区GDP（万元）	Yu₁工业废水排放量（万吨）	Yu₂工业二氧化硫排放量（吨）
北京	791.52	78887000	164491	6961.70	256691300	8515	10257
天津	286.04	127563593	87040	8244.68	178853900	18022	54539
石家庄市	99.54	56784633	49410	2686.90	59277293	13022	85815
唐山市	88.07	49751053	27781	7421.77	63548675	13269	125432
秦皇岛市	32.48	8746590	13320	721.10	13493526	3902	24127
邯郸市	76.10	37651978	12010	3396.86	33370903	4806	71485
邢台市	44.84	20259144	5308	1156.69	19757460	9289	60997
保定市	100.60	29095007	12152	830.98	34771269	7419	27999
张家口市	36.96	16312702	8824	981.11	14659911	3486	20171
承德市	29.62	16154912	6372	991.63	14385741	1384	47879
沧州市	51.89	34810735	4203	1417.95	35446800	4512	21832
廊坊市	45.95	24585169	4855	674.18	27063015	4485	23654
衡水市	28.63	12308344	3055	264.87	14201825	2216	9563

参 考 文 献

[1] 白世秀. 黑龙江省区域生态效率评价研究. 中国林业出版社, 2011.

[2] 陈诗一. 能源消耗、二氧化碳排放与中国工业的可持续发展. 经济研究, 2009 (4), 41 - 55.

[3] 陈巍巍, 张雷, 马铁虎, 刘秋继. 关于三阶段 DEA 模型的几点研究. 系统工程, 2014 (9), 144 - 149.

[4] 戴铁军, 陆钟武. 钢铁企业生态效率分析. 东北大学学报 (自然科学版), 2005, 26 (12), 1168 - 1173.

[5] 党廷慧, 白永平. 区域生态效率的测度: 基于非期望产出的 SBM 模型的 DEA 窗口分析. 环境与可持续发展, 2014, 39 (2), 39 - 42.

[6] 邓波, 张学军, 郭军华. 基于三阶段 dea 模型的区域生态效率研究. 中国软科学, 2011 (1), 92 - 99.

[7] 邓学平, 王旭, Ada Suk Fung Ng, 林云. 我国物流企业全要素生产效率分析. 系统工程, 2008, 26 (6), 1 - 9.

[8] 段宁, 邓华. "上升式多峰论" 与循环经济. 世界有色金属, 2004 (10), 7 - 9.

[9] 官大鹏, 赵涛, 慈兆程, 姚浩. 基于超效率 sbm 的中国省际工业化石能源效率评价及影响因素分析. 环境科学学报, 2015, 35 (2), 585 - 595.

[10] 韩海彬. 中国区域高等教育发展的收敛性研究. 天津大学, 2010.

[11] 黄和平, 伍世安, 智颖飙, 姚冠荣, 江民锦, 周早弘. 基于生态效率的资源环境绩效动态评估——以江西省为例. 资源科学, 2010, 32 (5), 924-931.

[12] 江金荣. 软投入制约下的中国能源效率分析. 兰州大学, 2010.

[13] 李芳, 龚新蜀, 黄宝连, 张凤丽, 张杰. 基于 DEA 分析法的干旱区绿洲产业结构优化评价——以新疆为例. 生态经济 (中文版), 2012 (12), 36-40.

[14] 李静, 程丹润. 基于 dea-sbm 模型的中国地区环境效率研究. 合肥工业大学学报 (自然科学版), 2009, 32 (8), 1208-1211.

[15] 李静, 程丹润. 中国区域环境效率差异及演进规律研究——基于非期望产出的 SBM 模型的分析. 工业技术经济, 2008, 27 (11), 100-104.

[16] 李丽平, 田春秀. 生态效率—oecd 全新环境管理经验. 环境与可持续发展 (1), 2000: 33-36.

[17] 林光平, 龙志和, 吴梅. 中国地区经济 σ-收敛的空间计量实证分析. 数量经济技术经济研究, 2006, 23 (4), 14-21.

[18] 刘丙泉, 李雷鸣, 宋杰鲲. 中国区域生态效率测度与差异性分析. 技术经济与管理研究, 2011 (10), 3-6.

[19] 刘秉镰, 李清彬. 中国城市全要素生产率的动态实证分析: 1990—2006——基于 DEA 模型的 Malmquist 指数方法. 南开经济研究, 2009 (3), 139-152.

[20] 缪仁余. 能源效率与区域经济增长的差异性研究. 浙江工商大学, 2011.

[21] 牛苗苗. 中国煤炭产业的生态效率研究. 中国地质大学, 2012.

[22] 邱寿丰，诸大建．我国生态效率指标设计及其应用．科学管理研究，2007，25（1），20－24.

[23] 邱寿丰．中国区域经济发展的生态效率研究．能源与环境，2008（4），8－10.

[24] 曲格平．发展循环经济是 21 世纪的大趋势．中国城市经济，2002（1），6－7.

[25] 曲凌夫．汽车与环境污染．生态经济（中文版），2010（7），146－149.

[26] 史丹．中国能源效率的地区差异与节能潜力分析．中国工业经济，2006（10），57－65.

[27] 孙秀梅，张慧，王格．基于超效率 SBM 模型的区域碳排放效率研究——以山东省 17 个地级市为例．生态经济，2016，32（5），68－73.

[28] 汤慧兰，孙德生．工业生态系统及其建设．中国环保产业，2003（2），14－16.

[29] 汪东，朱坦．基于数据包络分析理论的中国区域工业生态效率研究．生态经济，2011（4）.

[30] 汪克亮，杨宝臣，杨力．考虑环境效应的中国省际全要素能源效率研究．管理科学，2010，23（6），100－111.

[31] 王兵，吴延瑞，颜鹏飞．中国区域环境效率与环境全要素生产率增长．经济研究，2010（5），95－109.

[32] 王兵，张技辉，张华．环境约束下中国省际全要素能源效率实证研究．经济评论，2011（4），31－43.

[33] 王波，方春洪．基于因子分析的区域经济生态效率研究——以 2007 年省际间面板数据为例．环境科学与管理，2010，35（2），158－162.

[34] 王恩旭，武春友．基于超效率 DEA 模型的中国省际生态效率时空差异研究．管理学报，2011，8（3），443.

[35] 王珂. 基于网络 DEA 的产品生态效率评价. 南京大学, 2011.

[36] 王群伟, 周德群, 王思斯. 考虑非期望产出的区域能源效率评价研究. 中国矿业, 2009, 18 (9), 36-40.

[37] 王星, 盖美, 王嵩. 山东省区域碳排放绩效评价. 资源开发与市场, 2017 (2), 150-155.

[38] 魏权龄. 评价相对有效性的 DEA 方法: 运筹学的新领域. 中国人民大学出版社, 1988.

[39] 吴鸣然, 马骏. 中国区域生态效率测度及其影响因素分析——基于 DEA-Tobit 两步法. 技术经济, 2016, 35 (3).

[40] 吴琦, 武春友. 基于 dea 的能源效率评价模型研究. 管理科学, 2009, 22 (1), 103-112.

[41] 吴琦. 中国省域能源效率评价研究. 大连理工大学, 2010.

[42] 徐盈之, 管建伟. 中国区域能源效率趋同性研究: 基于空间经济学视角. 财经研究, 2011, 37 (1).

[43] 许广月. 碳排放收敛性: 理论假说和中国的经验研究. 数量经济技术经济研究, 2010 (9), 31-42.

[44] 许正松, 孔凡斌. 经济发展水平、产业结构与环境污染——基于江西省的实证分析. 当代财经, 2014 (8), 15-20.

[45] 薛静静, 沈镭, 刘立涛, 高天明. 中国区域能源利用效率与经济水平协调发展研究. 资源科学, 2013, 35 (4): 713-721.

[46] 杨斌. 2000—2006 年中国区域生态效率研究——基于 DEA 方法的实证分析. 经济地理, 2009, 29 (7), 1197-1202.

[47] 杨俊, 陆宇嘉. 基于三阶段 DEA 的中国环境治理投入效率. 系统工程学报, 2012, 27 (5), 699-711.

[48] 杨俊, 邵汉华. 环境约束下的中国工业增长状况研究——基于 Malmquist-Luenberger 指数的实证分析. 数量经济技术经济研究, 2009 (9), 64-78.

［49］杨文举. 基于 DEA 的生态效率测度——以中国各省的工业为例. 科学经济社会，2009，27（3），56－60.

［50］于洪丽. 长江经济带省域绿色能源效率水平的测度. 统计与决策，2017（08），61－64.

［51］袁春辉. 中国城市环境全要素生产率的估算及影响因素分析. 浙江财经学院，2013.

［52］袁富华. 低碳经济约束下的中国潜在经济增长. 经济研究（8），2010，79－89.

［53］周国梅，彭昊，曹凤中. 循环经济和工业生态效率指标体系. 城市环境与城市生态，2003（6），201－203.

［54］周洋，宗科，侯淑婧. 区域生态效率评价及空间相关性分析——以山东省为例. 学术论坛，2016（10）.

［55］诸大建，邱寿丰. 作为我国循环经济测度的生态效率指标及其实证研究. 长江流域资源与环境，2008，17（1），1－5.

［56］诸大建，朱远. 生态效率与循环经济. 复旦学报（社会科学版），2005，2005（2），60－66.

［57］Banker, R. D. , & Thrall, R. M. . Estimation of returns to scale using data envelopment analysis. European Journal of Operations Research, 1992, 62（1）, 74－84.

［58］Björn Stigson. Eco－efficiency: Creating more value with less impact. WBCSD, 2000, 5－36.

［59］Bosseboeuf D, Chateau B, & Lapillonne B. Cross－country comparison on energy efficiency indicators: the on－going european effort towards a common methodology. Energy Policy, 2007, 25（7－9）, 673－682.

［60］Caves, D. W. , Christensen, L. R. , & Diewert, W. E. The economic theory of index numbers and the measurement of input, output, and productivity. Econometrica, 1982, 50（6）, 1393－1414.

［61］Charnes, A. , Cooper, W. W. , & Rhodes, E. . Measuring

the efficiency of decision – making units. European Journal of Operational Research, 1978, 2 (6): 429 – 444.

[62] Chung Y H H, Färe, R, Grosskopf S. Productivity and Undesirable Outputs: A Directional Distance Function Approach. Microeconomics, 1997, 51 (3): 229 – 240.

[63] Farrell, M. J. The measurement of productive efficiency. Journal of the Royal Statistical Society, 1957, 120 (3), 253 – 290.

[64] Fried, H. O. , Lovell, C. A. K. , Schmidt, S. S. , & Yaisawarng, S. . Accounting for environmental effects and statistical noise in data envelopment analysis. Journal of Productivity Analysis, 2002, 17 (1 – 2), 157 – 174.

[65] Fussler C. The development of industrial eco – efficiency. Industry and Environment (Chinese version), 2002, 17 (04): 71 – 74.

[66] Hellweg, S. , Doka, G. , Göran Finnveden, & Konrad Hungerbühler. Assessing the eco – efficiency of end – of – pipe technologies with the environmental cost efficiency indicator. Journal of Industrial Ecology, 2005, 9 (4), 15.

[67] Hua, Z. , Bian, Y. , & Liang, L. . Eco – efficiency analysis of paper mills along the huai river: an extended dea approach. Omega, 2007, 35 (5), 578 – 587.

[68] Höh, H. , Schoer, K. , & Seibel, S. Eco – efficiency indicators in German environmental economic accounting. Statistical Journal of the United Nations Economic Commission for Europe, 2002, 19: 41 – 52.

[69] Höh, H. , Schoer, K. , & Seibel, S. . Eco – efficiency Indicators in German EnvironmentalEconomicAccouting [Z]. Federal Statistical Office, Germany. 2001.

[70] Kristina Dahlström, & Ekins, P. . Eco – efficiency trends in the uk steel and aluminum industries. Journal of Industrial Ecology, 2005,

9 (4), 18.

[71] Kuosmanen, T. , & Kortelainen, M.. Measuring eco – efficiency of production with data envelopmentanalysis. Journal of Industrial Ecology, 2005, 9 (4), 14.

[72] LI Jing, CHENG Dan – run. (2009, Eco – efficiency across regions in China based on DEA – SBM model. Journal of Hefei University of Technology (Natural Science), 32 (8), 1208 – 1211.

[73] Malmquist, S. Index numbers and indifference surfaces. Trabajos De Estadistica, 1953, 4 (2), 209 – 242.

[74] Meier M. Eco – effieiency evaluation of waste gas Purifieation systems in the chemical industry [M] . Landsberg/Lech, Germany: Ecomed, 1997.

[75] Mohtadi, H. Environment, growth, and optimal policy design. Journal of Public Economics, 1996, 63 (1), 119 – 140.

[76] Muller K, Sterm A. Standardized eco – efficiency indicators – report 1: conceptpaper [R]. Basel, 2001

[77] Neto, J. Q. F. , Walther, G. , Bloemhof, J. , Nunen, J. A. E. E. V. , & Spengler, A. T.. A methodology for assessing eco – efficiency in logistics networks. eur j oper res. European Journal of Operational Research, 2009, 193 (3), 670 – 682.

[78] OECD. Eco – efficiency. Paris: Organization for Economic Cooperation and Development [R], 1998.

[79] Sang Gyun, N. , & Niu, J. G. (2017), Analysis of the Ecological Efficiency of Chinese Provincial Based on the Three – stage DEA Model. 경영과 정보연구, 36 (2), 307 – 327.

[80] Sarkis, J. . Ecoefficiency: how data envelopment analysis can be used by managers and researchers. Intelligent Systems & Smart Manufacturing, 2001.

[81] Schaltegger, S. , Burritt, R. , & Publishing, G. . Contemporary environmental accounting: issues, concepts and practice. International Journal of Sustainability in Higher Education, 2001, 2 (3), 288 – 289.

[82] Scheel, H. . Undesirable outputs in efficiency valuations. European Journal of Operational Research, 2001, 132 (2), 400 – 410.

[83] Scholz, R. W. , & Wiek, A. . Operational eco – efficiency: comparing firms' environmental investments in different domains of operation. 2005, 9 (4), 155 – 170.

[84] Shephard, R, W. , Theory of Cost and Production Functions [M], Princeton: Princeton University Press, 1970.

[85] Stefan Schaltegger, Andreas Sturm. kologische Rationalität, in: Die Unternehmung Nr4. 1990, 273 – 290.

[86] Stephan Schmidheiny and the Business Council for Sustainable Development. Changing Course: A global Business Perspective on Development and the Environment. MITPress, 1992.

[87] Tone, K. . A slacks – based measure of efficiency in data envelopment analysis. European Journal of Operational Research, 2001, 130 (3), 498 – 509.

[88] Tone K. . Dealing with undesirable outputs in DEA: a slacks – based measure (SBM) approach, GRIPS Research Report Series, 2003, I – 2003 – 0005.

[89] UN (United Nations, A manual for the Preparers and users of eco – efficiency indicators. United Nations Publication UNCTAD/ITE/IPC/. 2003.

[90] WBCSD. Eco – efficiency: Leadership for Improved Economic and Environmental Performance [M]. Geneva: WBCSD, 1996: 3 – 16.

[91] Worthington, A. C. . Cost efficiency inAustralian local govern-

ment: a comparative analysis of mathematical programming and econometric approaches. Financial Accountability & Management, 2010, 16 (3), 201 - 223.

[92] Zhu, J. Quantitative models for performance evaluation and benchmarking. International, 2003, 126 (2), 180 - 182.

后　　记

科学评价区域生态效率水平，分析其区域差异，研究生态效率的影响因素及其收敛性，寻求区域生态效率提升的途径，对于区域积极改变经济发展方式，促进经济—资源—环境复合系统的协调可持续发展是十分必要。

本书首先对中国 2011～2015 年区域生态效率进行了评价，并分析外部环境变量对生态效率值的影响。在剔除外部环境变量和统计噪声的情况下，2011～2015 年北京、天津、上海、江苏和广东 5 个省市的生态综合技术效率为 1，生态效率最低的五个省区分别是甘肃、海南、青海、新疆和宁夏，5 个省区历年的生态效率值均小于 0.3，且无明显的上升趋势，这五个省区除海南属于东部地区外，其他四个省区都属于西部地区，说明这些省区市资源配置能力、资源使用效率低下，环境投入量存在严重冗余。分析发现环境治理投资总额（亿元）、第二产业所占比例和人均汽车拥有量（辆/万人）对生态效率有着显著的影响。

在省域生态效率评价的基础上，构建包含非期望产出的超效率 SBM 模型，评价京津冀区域 13 个地区生态效率水平。从时序变化的角度看，北京、天津、秦皇岛和廊坊等 4 个地区的生态效率呈现波动趋势，且波动较小；石家庄、邢台、张家口和衡水等 4 个地区的生态效率呈增长趋势；唐山、邯郸、保定、承德和沧州 5 个地区的生态效率逐年下降。13 个地区的生态效率存在显著的空间差异，北京、天津和沿海地区生态效率较高，冀中南部和张家口生态效率偏低，在一定程度上表现出空间集聚。

　　本书在前人研究的基础上，从全国和京津冀区域两个层面对生态效率进行了评价，分析了生态效率的区域差异、影响因素和收敛特征，在区域生态效率研究领域取得了一些成果，然而本文属于对该论题初步的尝试性研究，鉴于本人研究时间和能力的局限，尚存在许多不完善之处。在以后的研究中会在指标体系、影响因素和研究方法上进一步在区域可持续发展方面进行更深层次的研究。

　　本书为作者 2018 年承担的河北省社会科学基金项目，项目编号：HB18YJ015。

作　者

2019 年 1 月